Dr. Lagudu Mutyala Naidu
Dr. K Mallikarjuna
Dr. L Mutyala Naidu

Estudos citomorfológicos induzidos por radiação em Capsicum annum L

Dr. Lagudu Mutyala Naidu
Dr. K Mallikarjuna
Dr. L Mutyala Naidu

Estudos citomorfológicos induzidos por radiação em Capsicum annum L

ScienciaScripts

Imprint
Any brand names and product names mentioned in this book are subject to trademark, brand or patent protection and are trademarks or registered trademarks of their respective holders. The use of brand names, product names, common names, trade names, product descriptions etc. even without a particular marking in this work is in no way to be construed to mean that such names may be regarded as unrestricted in respect of trademark and brand protection legislation and could thus be used by anyone.

Cover image: www.ingimage.com

This book is a translation from the original published under ISBN 978-3-659-85421-7.

Publisher:
Sciencia Scripts
is a trademark of
Dodo Books Indian Ocean Ltd. and OmniScriptum S.R.L publishing group

120 High Road, East Finchley, London, N2 9ED, United Kingdom
Str. Armeneasca 28/1, office 1, Chisinau MD-2012, Republic of Moldova, Europe
Printed at: see last page
ISBN: 978-620-8-33761-2

Índice:

Investigações citomorfológicas induzidas por radiação na pimenta malagueta (*Capsicum annuum* L.).

Por

Prof. O. Aniel Kumar

Dr. K. Mallikarjuna

Dr. L. Mutyala Naidu

Dedicado ao meu

Pai amado

AGRADECIMENTOS

***O Prof. O. Aniel Kumar**, do Departamento de Botânica da Universidade de Andhra, Visakhapatnam, por ter sugerido o problema de investigação e pela sua invencível orientação e encorajamento ao longo da investigação.*

*Estou profundamente grato ao **Prof. K. G. Raja Rao**, do Departamento de Botânica da Universidade de Andhra, Waltair, pelas discussões críticas e sugestões úteis durante a preparação da dissertação.*

*Estou grato ao **Prof. V. Padmaja**, Diretor do Departamento de Botânica da Universidade de Andhra, Visakhapatnam, por ter proporcionado as comodidades necessárias.*

***B. Hanamatha Rao**, Diretor de Estudos do Departamento de Botânica, Universidade de Andhra, Visakhapatnam.*

*Estou extremamente grato à direção do **D.N.R College**, Bhimavaram, distrito de West Godavari, por me ter permitido realizar este programa de investigação.*

*Agradeço ao **Dr. P. Bangara Raju**, Diretor do Departamento de Botânica, D.N.R College, Bhimavaram, pelo seu encorajamento e pela sua amável cooperação.*

*Agradeço igualmente aos meus colegas de departamento**, Sr. K. Gopala Raju**, Vice-Diretor, **Sr. P. Jagannadha Raju, Sra. N. Sandhyavali, Sra. P. Prasanna Kumari** e **Sr. K. Ravi Kanth**, pela sua constante cooperação e encorajamento durante o meu trabalho de investigação.*

*Agradeço plenamente aos meus colegas de investigação **Dr. S. Subbu Tata, L. Mutyala Naidu, S. Appa Rao, T. Rupavathi** e **S. Deepthi Rani**. Que me ajudaram de todas as formas possíveis com uma excelente cooperação durante o curso da presente investigação.*

*Gostaria de expressar os meus sentimentos de afeto e agradecimento à minha mulher **K. Latha** e aos meus filhos **Sanath** e **Madhav** pela sua inspiração incessante e inabalável.*

Por último, mas não menos importante, agradeço ao Centro de Documentação a tolerância na dactilografia do manuscrito.

(K.MALLIKARJUNA)

Capítulo 1

I. INTRODUÇÃO E REVISÃO DA LITERATURA

Os agentes mutagénicos físicos são uma das principais fontes de criação de mutações em vários taxa e têm sido utilizados nos programas de reprodução desde há sete décadas, sendo os agentes mutagénicos químicos utilizados para o mesmo fim desde há três a quatro décadas. Um dos aspectos mais interessantes da investigação moderna sobre mutações é o facto de se ter conseguido quebrar a divisão entre a indução de mutações por radiações ionizantes e não ionizantes através de vários grupos de mutagénicos químicos. Os agentes mutagénicos físicos continuam a ser amplamente utilizados nos programas de melhoramento vegetal, apesar do êxito espetacular obtido recentemente com certos agentes mutagénicos químicos. Os conhecimentos necessários para compreender a ação e aumentar a eficácia e a eficiência dos raios X e dos raios gama pouco ionizantes na indução de mutações e aberrações cromossómicas foram obtidos através da investigação de vários factores secundários que modificam os efeitos genéticos e citogenéticos. Para além de numerosos factores biológicos e físicos, sabe-se também que as radiações ionizantes modificam o efeito dos agentes mutagénicos químicos. Por conseguinte, os agentes mutagénicos físicos são amplamente utilizados para a indução de mutações com vista à criação de novas variedades variáveis de elevado rendimento em culturas agrícolas, bem como em plantas medicinais e hortícolas. Os problemas de variações induzidas em caracteres poligénicos com a aplicação de mutagénicos no melhoramento de plantas foram bem explicados por muitos trabalhadores em diferentes espécies de plantas (Nilan et al. 1965, Konzak et al. 1965 e Skriphikova 1976).

O pimento (*Capsicum annuum* L.) é uma das culturas comerciais mais importantes e é um condimento indispensável, bem como um vegetal na Índia. Embora seja originária do Novo Mundo, a sua distribuição é atualmente cosmopolita. A malagueta é uma fonte rica em vitaminas (A, C e E), alcalóides e minerais. O alcaloide (capsaicina) é também utilizado como agente analgésico e anti-inflamatório, sendo igualmente conhecido por reduzir o colesterol no sangue. Apesar da sua importância económica e medicinal como cultura comercial, ainda não foram realizados trabalhos de melhoramento genético com mutação suficiente. Existem alguns relatórios sobre o efeito de vários agentes mutagénicos físicos na malagueta. No entanto, até à data, não foram lançadas muitas variedades agronomicamente úteis.

Os estudos mutagénicos sobre o género *Capsicum* começaram com o trabalho de Raghavan e Venkata Subban (1940) que estudaram as anomalias de crescimento induzidas por raios X em partes vegetativas de diferentes variedades de malaguetas do sul da Índia. Iqbal (1969

e 1970) estudou o efeito dos raios gama numa cultivar de *C. annuum* e relatou anomalias de crescimento vegetativo como resultado de danos celulares. Zubrzycki e Pahlen (1972) estudaram os efeitos do EMS e dos raios X na indução de mutações em *Capsicum annuum* L. Bansal (1973) registou anomalias no desenvolvimento floral induzidas por raios X numa variedade de *C. annuum* L. Kamaluddin e Abraham (1970) estudaram os efeitos biológicos dos raios X nas anomalias citomorfológicas nas gerações M1 e M2 da variedade K1 de *C. annuum* L. Subhash e Nizam (1977 e 1979) registaram
Anomalias citomorfológicas induzidas por raios gama em *Capsicum annuum* L.

Daskalov (1971, 1972, 1974, 1977 & 1986) estudou o efeito mutagénico de raios gama, raios X e EMS e obteve vários mutantes úteis, por exemplo, mutantes macho-estéreis, anões, forma e cor de frutos alterados em *Capsicum annuum* L. Terzyan e Schakyan (1974) relataram um aumento dependente da dose da frequência de mutantes morfológicos e uma mutabilidade diferente em *C. annuum* após irradiação de raios X. Sethupathi Ramalingam (1977) studied the efficiency of recurrent X-ray treatments with alternating treatments by X- ray and DES in *C. annuum* L. Auni et al. (1978) reported the effect of gamma-rays on various development stages (dry seeds, germinating seeds, gametophytes, zygotes and 15 and 30 days embryos) in *C. annuum* L. Raghuvanshi e Dalmir Singh (1979) estudaram o efeito dos raios gama na emergência de plântulas e registaram uma relação linear dependente da dose entre a dosagem do mutagénio e a germinação das sementes e a sobrevivência das plântulas numa cultivar de *C. annuum.* Bapa Rao et al. (1980) isolaram um mutante floral na geração M4 de *C. annuum* L. induzida por raios gama. Raghuvanshi e Singh (1981) isolaram mutantes morfológicos, florais e de frutos na geração M2 de raios gama e EMS induzidos em *C. annuum* var. NP46-A.

Sripichitt et al. (1988) registaram mutantes induzidos por radiação utilizando plântulas de *C. annuum* com 12 dias de idade através da técnica de cultura *in vitro*. Lakshmi e Bapa Rao (1988) isolaram mutantes de frutos robustos induzidos por raios gama na geração M4 da cultivar de *C. annuum* L. Bhargava e Umalkar (1989) relataram variantes de frutos com pericarpos laranja e roxo em progênie tratada com raios gama e EMS da var. Ankur de *C. annuum* L. Christopher et al. (1989) relataram mutantes de flores pistiladas na geração M2 da variedade G4 de *C. annuum* induzida por raios gama e EMS. Prolaram et al. (1989) isolaram mutantes de frutos sem sementes na geração M2 da variedade CA 960 induzida por raios gama e hidrazina. Rao et al. (1991) isolaram mutantes de frutos em cacho associados a caracteres morfológicos reduzidos em gerações M2 da cultivar X-235 de *C. annuum* após o tratamento de sementes com raios X, EMS e NMU. Rajani Ratna Kumari (1994) isolou diversas variantes morfológicas nas progénies M1 de duas cultivares de *C. annuum* tratadas com raios gama. Alcantara et al. (1996) isolaram vários mutantes morfológicos na geração M1 da cultivar key stone resistant Giant no-3 de *C. annuum* após o tratamento das sementes com EMS. Meshram et al. (2000) obtiveram várias macromutações na geração M1 de uma cultivar *C. annuum* induzidas por raios gama. Aniel Kumar et al. (2001) isolaram mutantes morfológicos nas gerações M2 e M3 de uma cultivar de *C. annuum* induzida por raios gama. Aniel Kumar et al. (2002) isolaram vários mutantes morfológicos nas gerações M2 e M3 da cultivar X-235 de *C. annuum* induzida por raios gama.

Anomalias/ variantes cromossómicas induzidas por vários mutagénicos fisiológicos e químicos foram relatadas por muitos trabalhadores no género *C. annuum* L. Katiyer (1978) estudou o efeito dos raios gama numa variedade de *C. annuum* e estabeleceu a relação entre as anomalias cromossómicas e as diferentes doses de irradiação. Além disso, opinou que a frequência de anomalias era mais elevada na meiose I do que na meiose II. Rao e Lakshmi (1980) registaram várias anomalias meióticas, tais como viscosidade, dessinapses, formação de células hiper e hipoplóides e retardatárias induzidas por raios gama em *C. annuum* L. Venkata Rajam e Subhash (1983 e 1984), Subhash e Venkata Rajam (1983) relataram anormalidades citológicas induzidas por raios X e hidrazina em *C. annuum* L. Asha e Nayar (1986) relataram maior capacidade de coloração do pólen em 15 variedades de *C. annuum* induzidas por raios gama. Rajani Ratnakumari (1994) relatou algumas anomalias meióticas como aderência dos cromossomas, aglomeração e atrasos e pontes na descendência M1 induzida por raios gama de duas cultivares de *C. annuum* L. Raghavan e Venkata Subban (1940) registaram dessinapses induzidas por raios X em pimentas do Sul da Índia. Lakshmi e Bapa Rao (1977) isolaram mutantes dessinápticos na geração X1/M1 de progénies de *C. annuum* L tratadas com raios gama e EMS. Katiyar (1977) isolou mutantes dessinápticos parciais induzidos por raios gama nas gerações M1 e M2 de *Capsicum annuum* L. Nagella e Nagella (1978) observaram dessinapses parciais induzidas por raios gama em malaguetas. Sadanandam (1981) isolou mutantes dessinápticos induzidos por EMS em *Capsicum* L. Singh e Gupta (1990) obtiveram mutantes dessinápticos induzidos por raios gama na cultivar de Kalyanpuri- 2 de *C. annuum* L. Rajani Ratnakumari (1994) isolou plantas dessinápticas de progênies M1 tratadas com raios gama em duas cultivares de *C. annuum* L. Anitha (1994) isolou plantas dessinápticas de progênies M1 tratadas com raios gama em duas cultivares de *C. annuum* L. *annuum* L. Anitha (1997) isolou plantas dessinápticas de progénies M1 e M2 tratadas com raios gama numa cultivar de PC I de *C. annuum* L. Roseline Subhashini (1997) isolou mutantes dessinápticos em M1 e M2 numa cultivar de X-235 de *C. annuum* induzidos por raios gama.

Embora exista uma vasta literatura sobre o efeito dos agentes mutagénicos físicos na pimenta (*Capsicum annuum* L.), apenas existem poucos relatórios sobre as alterações citomorfológicas nos mutantes/variantes induzidos de pimenta. Por conseguinte, foi feita agora uma tentativa de estudar os efeitos dos raios gama numa cultivar de *C. annuum* e comunicar as alterações citomorfológicas pormenorizadas, caso existam, nas gerações M1 e M2. Além disso, também se pretende relatar o comportamento reprodutivo das variantes citológicas, tais como dessinapses, aderência cromossómica, aglomeração e alterações morfológicas. Os resultados assim obtidos são resumidos nesta dissertação.

Capítulo 2

II. MATERIAIS E MÉTODOS

A cultivar G4 de *Capsicum annuum* foi utilizada no estudo. As sementes geneticamente puras foram adquiridas em Lamfarm, Guntur, Andhra Pradesh. Cem sementes secas e sãs (8,5 % de humidade) foram submetidas a doses de 10, 20, 30, 40, 50 e 60 kR de raios gama a uma taxa de 240 kR/h no centro de técnicas nucleares da Universidade de Andhra, Visakhapatnam, utilizando uma fonte de 60 Co. Após o tratamento, as sementes foram semeadas juntamente com as sementes de controlo em canteiros bem preparados na quinta experimental de botânica da Universidade de Andhra. As plântulas obtidas a partir das sementes tratadas e não tratadas (controlo) foram cuidadosamente transplantadas para parcelas de terra, bem como para parcelas de campo. Na geração M1, observou-se cuidadosamente a germinação, a sobrevivência das plântulas, o crescimento, as alterações morfológicas, o comportamento cromossómico, a capacidade de coloração do pólen e a fixação das sementes. As plantas M1 foram autofecundadas e cada planta M1 foi colhida separadamente, a descendência de cada planta M1 foi criada na geração M2. A frequência e o espetro de diferentes tipos de macromutantes viáveis por 100 plantas M1 e M2 foram avaliados em vários estádios de desenvolvimento, particularmente desde a floração até ao período de maturidade. Os mutantes morfológicos foram caracterizados com base no crescimento, no desenvolvimento e no desempenho reprodutivo.

Os seguintes parâmetros foram registados nas gerações M1 e M2.

1. **Germinação e sobrevivência:**

As percentagens de germinação foram registadas depois de as folhas cotiledonares emergirem, geralmente aos 13th dias após as sementeiras. As contagens de sobrevivência foram registadas nas plantas com 45th dias de idade.

2. **Medição de caracteres quantitativos:**

Os dados sobre os caracteres vegetativos variantes foram recolhidos de cada uma das plantas maduras das linhas tratadas e de controlo.

Os parâmetros morfológicos considerados no presente estudo incluem a altura total da planta, a dispersão da planta, o comprimento e a largura da folha, o diâmetro da flor e o comprimento e a circunferência do fruto. Para todos os parâmetros foram calculados os valores médios e o desvio padrão.

3. **Altura da planta:**

A altura da planta foi medida em centímetros imediatamente antes da colheita, desde os dias da planta até à ponta do ramo principal.

4. Propagação da planta:

Foi medido com a ajuda de um fio à volta da parte superior da planta, em centímetros.

5. Comprimento da folha (incluindo o pecíolo):

As medições foram efectuadas tanto nas folhas basais do caule principal (incluindo o pecíolo) como na ponta da folha.

6. Largura da folha:

A largura da folha foi medida com a ajuda de uma escala que vai da margem da folha até à outra extremidade.

7. Diâmetro da flor:

Foi medido com a ajuda do fio preso à volta da parte superior da flor.

8. Comprimento e perímetro do fruto:

O comprimento do fruto foi medido em centímetros, desde a base do fruto até à ponta do fruto. A circunferência do fruto foi medida com a ajuda de um cordel colocado à volta do fruto.

Para além dos parâmetros, foram também anotados os caracteres qualitativos. Tais como a cor do cálice, o facto de envolver (ou não) a base, os dentes do cálice, o ápice do fruto, a posição do fruto, o número de frutos/planta e o conjunto de sementes/fruto.

9. Estudos meióticos:

Os botões florais jovens das plantas individuais para efeitos de análise citológica foram fixados em misturas 1:3 de ácido acético e álcool entre as 8h30 e as 10h30 e durante 24 horas, após a fixação foram transferidos para álcool a 70% e armazenados no frigorífico até nova utilização. As abóboras foram preparadas com acetocaramina a 2%. As preparações temporárias foram tornadas permanentes com álcool n-butílico e montadas em Euparol. As PMC's adequadas das preparações temporárias foram fotografadas com a câmara Olympus Fr-6.

10. Fertilidade do pólen:

A capacidade de coloração do pólen ou a sua fertilidade foram determinadas através da coloração de anteras maduras e prontas a desisitir com acetocaramina a 2 %. Os grãos de pólen completamente corados e com contornos regulares foram considerados férteis, enquanto os não corados ou parcialmente corados com contornos irregulares ou de tamanhos reduzidos e os grãos murchos foram considerados estéreis. Foram analisados 500 grãos de pólen de cada planta (gerações M1 e M2) para estimar a capacidade de coloração ou a fertilidade do pólen.

As variantes morfológicas/mutantes e as variantes citológicas foram cuidadosamente registadas nas gerações M1 e M2. A frequência de mutação nas gerações M1 e M2 foi calculada.

A análise estatística foi efectuada de acordo com o procedimento descrito por Snedecor e Cocham (1967) e Kapur (1971).

Capítulo 3

III. OBSERVAÇÕES

Capsicum annuum L. é uma espécie auto-compatível. Por conseguinte, a variabilidade genética nesta espécie é muito reduzida ou inexistente. É normalmente aceite que os agentes mutagénicos induzem mutações mais eficazmente em plantas autopolinizadas do que em plantas de polinização cruzada. Por conseguinte, com vista a alargar a variabilidade para a seleção subsequente de fenótipos úteis. Considerou-se que valia a pena utilizar a cultivar G4 de *C. annuum* em investigações radiobiológicas. Estudar a radiossensibilidade da cultivar G4 de *C. annuum* a partir de caracteres de plântula, caracteres morfológicos, capacidade de coloração do pólen e cromossomas meióticos na geração M1.

As sementes de *C. annuum* var. G4 são submetidas a várias doses de radiação Y (10- 60 kR). Foram recolhidos dados sobre a germinação das sementes, a sobrevivência das plântulas e a capacidade de coloração do pólen, para além dos parâmetros da planta adulta, nomeadamente a altura da planta, a dispersão da planta, o comprimento da folha, a largura da folha, o diâmetro da flor, o comprimento do fruto e a circunferência do fruto, tanto das plantas tratadas como das plantas de controlo. Com base na capacidade de coloração do pólen, aproximadamente 30-40% das plantas tratadas foram analisadas por meiose. Durante este curso de investigação, foram isoladas e estudadas variantes morfológicas, variantes citológicas, tais como dessinápticos e aderência dos cromossomas nas populações M1 e M2.

A. Germinação de sementes e sobrevivência nas gerações M1 e M2:

Os dados relativos à germinação das sementes, à sobrevivência das plântulas e à floração das plantas maduras da geração M1 e do controlo foram resumidos na Tabela -1. Os valores de germinação para as descendências tratadas em geral foram reduzidos em comparação com os valores do controlo. Como se pode ver no quadro 1, os valores da germinação das sementes, da sobrevivência das plântulas, da floração e da coloração do pólen apresentam um declínio gradual com um aumento correspondente da dosagem do mutagénio, em comparação com os respectivos valores no controlo (figs. 1-7). O atraso na germinação das sementes foi mais pronunciado nas sementes expostas a doses mais elevadas de raios Y (40-60 kR). Em geral, o crescimento das plântulas nas descendências tratadas foi lento e atrofiado em comparação com o controlo. O crescimento deficiente das plântulas foi discernido nas progênies cujas sementes foram expostas a doses mais altas de radiação (40-60 kR) e possivelmente os efeitos da radiação causaram danos às plântulas. Além disso, algumas plântulas anormais foram observadas entre as progênies viz., plântulas gêmeas, tri-cotilédones, cotilédones bi-lobados e cotilédones grossos e verde-escuros

(Fig. 8) e estes morreram após duas semanas. As plântulas das progénies de 50 - 60 kR não sobreviveram durante períodos mais longos. A germinação, a sobrevivência das plântulas e o padrão de floração seguiram a mesma tendência na geração M2, embora os valores para os parâmetros acima mencionados tenham sido relativamente mais elevados na M2 do que nas progenies M1 correspondentes. Os dados sobre a germinação das sementes, a sobrevivência das plântulas e a floração das descendências M2 estão representados no quadro 2. A partir do quadro, é evidente que foi estabelecida uma relação linear entre a dosagem do mutagénio e os valores da germinação das sementes, da sobrevivência das plântulas e da floração.

B. Morfologia das plantas de controlo e tratadas das gerações M1 e M2 de *Capsicum annuum* var. G4:

É uma erva anual de crescimento médio, moderadamente vigorosa, com folhas verde-escuras lanceoladas, ponta aguda, flores solitárias e frutos pendentes e alongados com uma constrição proeminente abaixo do cálice (Fig. 9). Os frutos eram de cor verde-escura quando maduros e vermelhos quando amadurecidos, o pegamento das sementes é moderado e a pungência é alta.

As caraterísticas morfológicas comparativas em todas as doses juntamente com os valores 't' para nove parâmetros das plantas M1 estão listados na Tabela 3. Como é evidente a partir dos dados, uma diminuição significativa foi pronunciada para a altura da planta, propagação da planta, comprimento da folha, largura da folha, diâmetro da flor, comprimento do fruto, circunferência do fruto, coloração do pólen e conjunto de sementes. Em todas as descendências tratadas, em comparação com os valores correspondentes no controlo. As progénies M2 também mostraram valores decrescentes para a altura da planta, dispersão da planta, comprimento da folha, largura da folha, diâmetro da flor, comprimento do fruto, perímetro do fruto, coloração do pólen e fixação da semente em comparação com os valores no controlo (Quadro 3). No entanto, estes valores foram relativamente mais elevados do que os registados para as progenies M1 correspondentes. A média e os valores 't' para várias caraterísticas morfológicas e entre as doses de raios gama, a capacidade de coloração do pólen e o desenvolvimento de sementes na geração M1 foram apresentados nos Quadros 3 e 4.

O teste 't', quando aplicado para todos os sete parâmetros morfológicos, capacidade de coloração do pólen e germinação entre as doses e entre as gerações M1 e M2, observou que as diferenças eram significativas para todos os parâmetros (Tabelas 4 e 6).

A fertilidade (pólen e sementes) foi outro critério para avaliar o efeito do mutagénio. Os dados disponíveis na presente investigação revelaram que a fertilidade da planta era indiretamente proporcional à dose dos raios Y nas gerações M1 e M2 e que estes valores eram mais baixos em comparação com as plantas de controlo. No entanto, as progénies M2 apresentaram valores relativamente mais elevados de fertilidade do pólen e de germinação do que as progénies M1 correspondentes (Quadro 3 e 5).

Citologia:

O número de cromossomas é 2n = 24 tanto nas plantas de controlo como nas tratadas. O emparelhamento cromossómico foi completo e regular, tendo-se formado 12 bivalentes tanto na diacinese como na metáfase I no controlo. Além disso, a disjunção regular na anáfase I, juntamente com a formação normal de tétrades na fase de esporos e a elevada proporção de pólen fértil foram discerníveis na planta de controlo. A frequência média de quiasmas, a frequência de bivalentes em anel e em bastonete nos meiócitos, tanto na diacinese como na metáfase-I. O início da meiose foi parcialmente perturbado nas plantas tratadas da geração M1. As várias anomalias citológicas encontradas em algumas plantas tratadas no presente estudo referem-se à formação de cromossomas não orientados na metáfase I, à formação de univalentes na diacinese e na metáfase I, à segregação irregular da anáfase I, aos retardatários, às pontes de anáfase I e II e à polisporia, etc. De um modo geral, verificou-se que a frequência média de quiasmas era mais baixa nas plantas tratadas com um aumento da dose de radiação e, concomitantemente com esta alteração, há um aumento correspondente do número de bivalentes em bastonete e de alguns univalentes. A percentagem de anomalias cromossómicas foi mais elevada nas descendências M1 do que nas descendências M2.

Capacidade de coloração do pólen (fertilidade):

As plantas de controlo exibiram uma maior coloração do pólen (93,20%). Nas plantas tratadas verificou-se uma redução significativa da coloração do pólen que foi corroborada com um aumento da dose de irradiação nas gerações M1 e M2 (Tabela 3&5). No entanto, as fertilidades foram mais elevadas em M2 do que nas progenies M1 correspondentes.

C. Variantes morfológicas/mutantes nas gerações M1 e M2:

Um grande número de variantes morfológicas foi observado nas famílias M1 e M2. Estas foram amplamente classificadas em variantes foliares e variantes morfológicas florais. As frequências das variantes variaram, em geral, com a dose do mutagénico e com o estado biológico da semente no momento do tratamento. As variantes morfológicas foram obtidas em todas as doses (10

- 60 kR) utilizados no presente estudo. A morfologia e o comportamento reprodutivo das variantes foliares e das diferentes variantes florais na geração M1 foram relacionados e as respectivas M2 s foram criadas.

Variantes foliares:

Plantas altas:

Foram isoladas cinco plantas de linhas de descendência tratadas com M1 nas doses de 10, 30 e 50 kR. As plantas eram erectas, altas e saturadas com um número reduzido de ramos. As folhas eram verde-escuras, estreitas e pequenas (Fig. 10). A planta tem flores pequenas com abertura irregular, número reduzido de flores e frutos e, consequentemente, o conjunto de sementes é menor. As plantas são parcialmente estéreis (35-55%) Tabelas 7, 8 e 9. O mesmo conjunto de caracteres alterados foi segregado nas progénies M2.

Plantas anãs:

Vinte e oito plantas com esta caraterística foram isoladas de progénies tratadas com 10, 20, 30, 40, 50 e 60 kR. As plantas mutantes eram, em geral, de baixa estatura (15-20 cm.) e apresentavam um hábito arbustivo (Fig. 11). As folhas eram pequenas, com pecíolo curto e com menos ramos. Geralmente, estas florescem tarde e algumas delas caem mesmo depois de abertas. As flores têm abertura irregular, os frutos e as sementes são em menor número. Estas plantas eram parcialmente estéreis (35-50%). A descendência criada a partir das sementes selecionadas das variantes M1 segregou para esta caraterística nas plantas da geração M2. Os caracteres alterados estavam obviamente associados aos efeitos pleiotrópicos (Tabelas 7, 8 e 9).

Folha estreita:

Cerca de dezassete plantas com este carácter foram isoladas da geração M1 (a semente seca tratada com raios Y, isto é, 10, 20, 30, 40, 50 e 60 kR). A variante foi caracterizada pela estatura média da planta (16-25 cm.), folhas pequenas, estreitas, de cor verde clara a escura, em menor número (ramificadas, flores e frutos) (Fig. 12). O tamanho dos frutos e o número de sementes foram baixos em comparação com os respectivos irmãos e o controlo. Estas variantes eram parcialmente estéreis ao pólen. O mesmo conjunto de caracteres alterados foi segregado na geração M2 (Tabelas 7, 8 e 9).

Folha larga:

Cerca de seis plantas com este carácter foram isoladas da geração M1 (duas de cada 10, 20 e 50 kR) da semente seca tratada com raios Y. O fenótipo variante foi caracterizado por uma folhagem verde escura espessa que é longa e larga (Fig. 13). Também possuem crescimento profuso com menor número de flores e frutos e eram altamente estéreis ao pólen (50-75%). No entanto, algumas sementes viáveis foram obtidas dos frutos e estas deram origem a progenitores M2. O tamanho dos frutos era pequeno e o mesmo conjunto de caracteres alterados foi segregado na geração M2 (Tabelas 7, 8 e 9).

Folha em forma de taça:

Dezassete plantas com esta caraterística foram isoladas de descendentes tratados com 10, 20, 30, 40, 50 e 60 kR. A variante foi caputerizada pela estatura média da planta, margem das folhas dobrada para cima (forma de barco/copo) verde escuro (Fig. 14), menos ramos, flores e frutos. O tamanho dos frutos e o conjunto de sementes foram baixos quando comparados com o controlo; estas plantas eram parcialmente estéreis (35-55%). A descendência criada a partir das sementes autofecundadas das variantes M1 segregou para esta caraterística nas plantas da geração M2 (Tabelas 7, 8 e 9).

Pecíolo alongado:

Cerca de sete plantas com este carácter foram isoladas da geração M1 (linhas 20, 30, 40, 50 e 60 kR). Estas plantas eram erectas com menos ramos, com folhas verdes claras com pecíolos estreitos e longos (Fig. 15). As flores têm abertura irregular, o tamanho dos frutos foi relativamente reduzido e estes têm menos sementes. As plantas apresentavam-se parcialmente estéreis (30-50%). Progénies M2 foram criadas a partir das poucas sementes M1. O mesmo conjunto de caracteres alterados foi segregado na geração M2 (Tabelas 7, 8 e 9).

Dimorfismo foliar:

Um total de seis plantas mostrando esta caraterística foram registadas em progénies M1 tratadas com 30, 40, 50 e 60 kR e estas foram isoladas. As variantes foram caracterizadas pela presença de folhas pequenas, estreitas, finas e verde-claras no topo e folhas longas, largas, grossas e verde-escuras na parte inferior da planta (Fig. 16). O crescimento destas plantas era profuso mas possuíam menos flores, frutos e sementes. Ocasionalmente, a planta apresentava falta de floração, as plantas exibiam uma esterilidade moderada a elevada (50-85%) e a descendência M2 foi isolada a partir de algumas sementes disponíveis. O mesmo conjunto de caracteres alterados foi segregado na geração M2 (Tabelas 7, 8 e 9).

Folha curva:

Estes tipos de plantas mutantes foram isolados de todos os tratamentos, exceto em 40 kR na geração M1. As plantas são de natureza semi-anã e as suas folhas são caracterizadas pela curvatura das lâminas das folhas para baixo com pecíolos longos (Fig. 17). Estas plantas não sobreviveram até à fase de floração, pelo que não foi possível estudar o comportamento de reprodução da caraterística (Tabelas 7, 8 e 9). **Fenótipo arbustivo:**

Foram isoladas cinco plantas de todos os tratamentos na geração M1, exceto nos tratamentos com 40 kR. O fenótipo variante destas cinco plantas foi caracterizado pela natureza arbustiva associada a ramificações profusas, com folhas grossas e coriáceas (Fig.18). No entanto, estas plantas tinham um crescimento lento e floresciam tarde. Os frutos eram pequenos e alongados por natureza. Estes eram moderadamente férteis em pólen (50-70%), o mesmo conjunto de caracteres alterados segregados na geração M2. A natureza arbustiva do caule com ramificação profusa e com folhas grossas e flores pequenas foi obviamente associada ao efeito pleiotrópico (Tabelas 7,8 e 9).

Variantes/mutantes florais:

Floração precoce:

Dez plantas foram isoladas de todos os tratamentos (10- 60 kR), das quais 5 plantas foram isoladas de 30 kR e tinham uma natureza arbustiva com folhas pequenas e verde-escuras. A floração precoce é evidente nestas variantes e floresce 20-30 dias antes das plantas de controlo e dos irmãos (Fig. 19). As plantas tiveram uma floração abundante, mas a frutificação e a sementeira foram normais e as plantas foram férteis (60-80%). A variante floral encontrada na geração M1 foi autofecundada e a descendência M2 foi criada. A variante de floração precoce isolada nas progénies M2 segregou para esta caraterística (Tabelas 7, 8 e 9).

Fenótipo sem flor:

Foram observadas e isoladas plantas sem flores em descendentes tratados com 30-60 kR. Morfologicamente, estas plantas mostraram um crescimento profuso com folhagem verde escura, mas sem flores (Fig. 20). Uma vez que estas plantas eram totalmente estéreis na ausência de floração, foi feita uma tentativa de estudar o padrão de herança para esta caraterística apenas através da segregação de plantas irmãs na geração subsequente. Os dados recolhidos para esta caraterística revelaram que o mutante era monogénico recessivo (Quadros 7, 8 e 9).

D. Variantes citológicas:

No presente estudo, as variantes citológicas encontradas nas gerações M1 e M2 são a dessináptica e a aderência e aglutinação dos cromossomas, que foram isoladas.

1) Desinapsis:

Geração M1:

Cinco plantas dessinápticas, uma de 20, 30, 40, 50 e 60 kR, foram isoladas na geração M1 e as suas caraterísticas morfológicas e comportamento citológico foram estudados em pormenor.

Morfologia:

As dessinápticas tiveram um crescimento relativamente lento, fraco, ereto com um número reduzido de ramos e floresceram tardiamente, a fertilidade (pólen e sementes) foi baixa. As cinco plantas dessinápticas eram indistinguíveis umas das outras. No entanto, podiam ser distinguidos das plantas normais (controlo).

Citologia:

As fases iniciais da prófase meiótica não foram passíveis de um estudo citológico pormenorizado nesta planta. No entanto, o emparelhamento paquiténico foi aparentemente normal na maioria dos PMC, enquanto que em alguns meiócitos alguns dos cromossomas permaneceram não emparelhados.

Diakinesis:

Tanto as plantas de controlo como as dessinápticas têm uma constituição cromossómica de 2n=24. O emparelhamento cromossómico foi completo e foram observados regularmente 12 bivalentes nas PMC das plantas de controlo, tanto na diacinese como na metáfase (Fig. 21 e 22). Enquanto que nos dessinápticos foi registado um número variável de univalentes, para além de bivalentes, nas células. A frequência média do quiasma em todos os dessinápticos foi baixa em comparação com a do controlo. A frequência de univalentes variou entre 0-18 em D1, D4 e D5; 0-22 em D2 e D3 (Fig. 24 & 25). O número de bivalentes por célula variou de 4 a 12. Entre as cinco plantas, a maior frequência de bivalentes foi encontrada em D1. Todos os cromossomas formados como bivalentes (12) numa PMC foram analisados em 8-12% do total de células. O emparelhamento cromossómico médio, a frequência de quiasma e a estabilidade do pólen estão apresentados na Tabela 10 **Metafase-I:**

O emparelhamento de cromossomas e o comportamento na metáfase-I foram mais ou menos semelhantes aos da diacinese em todos os cinco dessinápticos do presente estudo. As configurações convencionais da metáfase I não puderam ser reconhecidas em nenhuma das células examinadas. Aparentemente, os univalentes e os bivalentes estavam distribuídos aleatoriamente por todo o citoplasma (Fig. 23, 26 e 27). As frequências médias de associações cromossómicas e quiasmas nas cinco plantas dessinápticas do presente estudo são apresentadas na Tabela 10. A frequência de univalentes por célula variou de 0 a 18 em D1, D4 e D5 e de 0 a 22 em D2 e D3. A frequência de bivalentes variou de 5 a 12, sendo a maioria com um quiasma. Todos os cromossomas formados por 12 bivalentes numa PMC foram registados em apenas 5,5 a 7,5% do total de células. A frequência média de quiasmas por célula foi consideravelmente baixa em todos os dessinápticos, em comparação com os controlos (Tabela 10). Os quiasmas variaram entre 8,16 e 8,60 na metáfase I.

A análise de variância foi aplicada às associações cromossómicas e aos quiasmas nas cinco plantas dessinápticas da metáfase I. Foram registadas diferenças significativas para os univalentes ($F = 9{,}262$, $p > 0{,}05$) e quiasmas ($F = 6{,}920$, $p > 0{,}05$), enquanto as diferenças foram insignificantes para os bivalentes ($F = 1{,}420$, $p < 0{,}05$).

Anáfase-I e Telófase-I:

As irregularidades observadas na diacinese e na metáfase I têm o seu impacto em fases posteriores, como a anáfase-I e a telófase-I. Na anáfase-I, os cromossomas apresentam uma distribuição irregular, dividindo-se em univalentes (Fig. 35 e 36). Foram observados retardatários e pontes através das frequências variadas entre os cinco dessinápticos atualmente investigados. A passagem das PMC's para o estádio de telófase-I pode ser construída pela confluência de vários univalentes em grupos que variam em número de 3-5. Estas irregularidades meióticas foram transmitidas à segunda divisão também através de uma baixa frequência. Na telófase II, foram registados retardatários e mais de quatro grupos de cromossomas, o que levou a uma condição policspórica na fase de tétrade (quadro 12).

Fertilidade do pólen:

A coloração do pólen, que é um índice da fertilidade do pólen, era elevada no controlo (90,60±0,16) e muito baixa nas cinco plantas dessinápticas. Além disso, verificou-se que os grãos de pólen tinham tamanhos diferentes nas plantas dessinápticas. A coloração do pólen variou consideravelmente entre os cinco dissinápticos (Tabela 10) **Geração M2:**

Verificou-se que cinco plantas de plantas semi-estéreis M1 e cinco da descendência M1 autofecundada da planta D3 (dessinápticas) eram morfologicamente diferentes dos seus respectivos irmãos e do controlo na geração M2. Eram fracos, de crescimento lento, erectos e altos com um número reduzido de ramos. Floresceram tardiamente e tiveram um número muito baixo de sementes. O rastreio citológico revelou que eram dessinápticos e estes foram isolados. Estes dez dessinápticos representando duas famílias M2 eram indistinguíveis uns dos outros.

Citologia:

Na geração M2, o emparelhamento cromossómico nas fases iniciais da prófase meiótica revelou que o emparelhamento paquiténico era normal e regular em algumas das PMC, enquanto noutras se observaram algumas regiões não emparelhadas juntamente com os bivalentes emparelhados. Apenas em sete das plantas dessinápticas M2 foram observados univalentes e bivalentes em frequências variáveis, enquanto nas plantas D11, D12 e D13 foram registadas associações cromossómicas mais elevadas, como a associação de quatro cromossomas, para além de univalentes e bivalentes, na metáfase I. As associações cromossómicas médias e as frequências de quiasmas na diacinese e na metáfase para todas as dez plantas dessinápticas M2 foram apresentadas na Tabela-11. Entre as dez plantas dessinápticas M2, a maior freqüência de bivalentes foi encontrada em D8 e a menor em D10 (Fig.31&32). Foram registadas associações cromossómicas mais elevadas, tais como quadrivalentes até uma por célula, em 36% das células (Quadro 11). A frequência de univalentes foi menor nos dessinápticos M2 do que nos M1 na fase correspondente (Fig. 28, 29 & 30). Da mesma forma, a frequência de bivalentes e quiasmas foi ligeiramente maior nos dessinápticos M2 do que nos dessinápticos M1. As bivalentes abertas foram predominantes sobre as fechadas nos PMC's de ambos os dessinápticos M1 e M2 atualmente investigados.

A análise de variância foi aplicada para associações cromossómicas e quiasmas em todas as dez plantas dessinápticas na metáfase I. Foram registadas diferenças significativas para os univalentes (F=26. 270, p>0.05), bivalentes (F= 8.320, p>0.05) e quiasmas (F=7.260, p>0.05), enquanto as diferenças foram insignificantes para os trivalentes (F=1.760, p<0.05) e quadrivalentes. (F=1,260, p<0,05).

O padrão de distribuição dos bivalentes foi estudado nas quinze plantas dessinápticas (tanto da geração M1 como da M2) através da aplicação de testes de distribuição de veneno e binomial, uma vez que os resultados não se ajustaram à distribuição de veneno, foi testada a distribuição binomial. O estudo aponta que todas as 15 plantas dessinápticas das gerações M1 e M2 apresentaram formação não aleatória de bivalentes (não significativo: x2 =20,16 - 267,60, p<0,05).

Anáfase-I e Telófase-I

A distribuição das anáfases em todas as plantas M2 dessinápticas foi apresentada na Tabela 13. Foi registada uma distribuição irregular de retardatários e pontes em frequências variáveis nas plantas dessinápticas M2 (Tabela 13 e Fig. 37). Na telófase-II, o número de retardatários variou de 0-3 e as células com um retardatário foram mais frequentes. Estas irregularidades meióticas foram transmitidas à segunda divisão meiótica também através das suas frequências relativamente mais baixas. Na telófase I, foram encontrados retardatários e mais de quatro grupos de cromossomas em alguns meiócitos (Fig. 38).

Fertilidade do pólen:

A capacidade de coloração do pólen (uma medida da fertilidade do pólen) variou entre 88-96% nos controlos. A capacidade de coloração do pólen variou de 24 a 36,5% nos dessinápticos M2 (Tabela 11). Os grãos de pólen foram formados com tamanhos variados. **ii) Aderência dos cromossomas:**

Durante o controlo citológico das populações tratadas com raios Y, uma planta do tratamento com 40 kR na geração M1 apresentou aderência dos cromossomas durante a meiose (1-40-6). Esta planta não diferia significativamente das plantas semi-estéreis ou das plantas de controlo em termos de caraterísticas morfológicas, mas apresentava uma fertilidade reduzida. Um estudo da meiose nesta planta anormal mostrou que o emparelhamento de paquítenos era perfeitamente normal na diacinese e na metáfase I. 90 PMC's foram analisadas quanto ao emparelhamento e comportamento dos cromossomas, o que revelou que em (80%) PMC's o emparelhamento dos cromossomas era aparentemente normal no controlo, exceto o aparecimento ocasional de 2-4 univalentes em algumas PMC's. A frequência do quiasma para as 60. Células foi de 19,60±0,35, em contraste com 22,76±0,46 no controlo. No entanto, nas restantes 30 PMC, o emparelhamento dos cromossomas não pôde ser estudado, uma vez que os cromossomas se agruparam devido à sua pegajosidade.

Em fases posteriores da diacinese, alguns dos bivalentes mostraram uma tendência para se desfazerem em univalentes. O número de univalentes observados por célula variou entre 0-8. Quase ao mesmo tempo, ou um pouco mais tarde, os cromossomas univalentes e/ou bivalentes mostraram uma tendência para se reunirem em grupos. O número desses grupos durante a fase de transição da diacinese para a metáfase I variou de 1-8, com um número variável de univalentes (Figs. 39, 40 e 41). A orientação típica dos bivalentes nas placas da metáfase-I nunca foi encontrada. Os aglomerados de cromatina formados pelos cromossomas eram de diferentes tamanhos (grandes e pequenos) e o seu número variava de 1-10 por célula (Quadro 14). Estes encontravam-se livremente dispersos pelo citoplasma e apresentavam-se como massas densas de cromatina com uma forma circular, oval ou irregular, o que impedia a identificação de cromossomas individuais ou bivalentes numa massa. Em alguns PMC, o tamanho dos corpos de cromatina observados era demasiado pequeno para representar massas formadas por cromossomas univalentes. O emparelhamento dos cromossomas nas células normais mostrou quiasmas regulares e uma média de 20,60±0,12 por célula. Aparentemente, não existe uma diferença significativa no comportamento de emparelhamento dos cromossomas e na formação de quiasmas nas PMC, embora esta seja restrita a apenas algumas.

No processo de transformação da metáfase I para a anáfase I (Figura 42), os estudos das várias fases de transição indicam que os aglomerados se transformaram gradualmente em cromossomas individuais. Quando a anáfase-I se instalou completamente, parecia mais ou menos normal, embora em alguns PMC ainda estivessem presentes massas cromossómicas de número variável em qualquer dos pólos, o que dificultava a contagem dos cromossomas em cada pólo. No entanto, a pegajosidade era muito menos intensa nesta fase do que na metáfase I e as extremidades de pelo menos alguns cromossomas individuais numa massa podiam sempre ser discernidas nesta fase. Assim, quando a individualização dos cromossomas é parcial ou totalmente restabelecida pela dissolução das massas pegajosas na anáfase-I, com os cromossomas a deslocarem-se para os pólos, é provável que, apesar de se conseguir uma distribuição 12:12, os gâmetas resultantes dessa distribuição nem sempre representem um complemento haploide típico de cromossomas e possam ser do tipo duplicação/deficiência. Após a conclusão da anáfase I, não foram encontradas mais irregularidades meióticas na segunda divisão, exceto as que ainda persistem em algumas PMC, mesmo após a metáfase I. O resto da meiose foi normal e formaram-se tétrades de pólen. No entanto, em algumas PMC na anáfase-I, foram observados retardatários variando de 1-2 por célula e na telófase-II, a presença de mais de quatro grupos com micronúcleos variando de 1-3 por célula.

Capítulo 4

IV. DISCUSSÃO

A utilidade de qualquer agente mutagénico no melhoramento vegetal depende não só da sua eficácia mutagénica, mas também da sua eficiência mutagénica. Uma mutagénese eficiente consiste na produção de alterações desejáveis sem associação com alterações indesejáveis. No entanto, os agentes ou tratamentos mais eficazes podem não ser os mais eficientes.

A percentagem de germinação das sementes do presente estudo foi relativamente mais elevada com doses mais baixas de raios gama, enquanto que a redução máxima, para além do atraso na germinação, foi registada com doses mais elevadas da geração M1. A taxa de sobrevivência e crescimento das plântulas também pareceu seguir o padrão de germinação após o tratamento mutagénico das sementes. Isto indica que os efeitos dos danos fisiológicos ou da estimulação devidos ao tratamento mutagénico persistem para além da germinação, pelo menos até ao crescimento inicial das plântulas. O estudo revelou que houve uma taxa decrescente de germinação de sementes e de sobrevivência e crescimento de plântulas com um aumento da dose de mutagénio no presente estudo. Este padrão também foi registado em *Putunia axillaris* por Sudhakar (1985) e Rao e Lakshmi (1980) opinaram que existia uma relação dependente da dose entre os raios gama e a percentagem de germinação e sobrevivência das plântulas nas progenies M1 da pimenta Chili. Guptha e Roy (1985) também registaram uma diminuição gradual da germinação com um aumento da dose de raios gama e nenhuma germinação de 50kR em *Physalis ixocarpa* e *Physalis peruviana.*

O presente estudo estabeleceu uma letalidade dependente da dose e uma relação com um aumento das doses de raios gama que culmina numa diminuição da percentagem de sobrevivência da descendência. As presentes constatações de redução gradual da percentagem de sobrevivência com um aumento da dose de radiação podem ser atribuídas a taxas mais elevadas de perturbação do equilíbrio fisiológico da planta, causando um desequilíbrio metabólico que, em última análise, resulta em danos letais. Este ponto de vista é amplamente apoiado pelos resultados de Filippeti e Merzana (1984) e Anitha (1997). Entre as várias doses de gammaray utilizadas na presente experiência (10- 60kR). A percentagem de sobrevivência foi mais elevada com doses mais baixas do que com doses mais elevadas (40-60 kR). Isto pode dever-se à natureza estimulante e revigorante dos raios gama em doses relativamente baixas (10-30 kR). Em doses mais elevadas, os raios gama podem ter tido um efeito sinergético em relação a cada ação mutagénica, o que provavelmente perturbou uma ou mais vias metabólicas. Foram observadas algumas plântulas gémeas na germinação de M1 nas descendências tratadas com 40, 50 e 60 kR. A presença de plântulas gémeas em pequeno número sugere a divisão de embriões nas descendências tratadas.

O efeito de várias doses de tratamentos com raios gama nas sementes de *C. annuum* em M1 e a sua persistência através de um lado relativamente mais baixo nas gerações M2 foram pronunciados e estão listados na Tabela. Os valores para estes parâmetros, tais como altura da planta, dispersão da planta, comprimento e largura da folha, diâmetro da flor, comprimento do fruto, circunferência do fruto, germinação da semente e estanquidade do pólen (fertilidade do pólen). Os valores para além de grandes mostraram uma redução gradual com o aumento da dose de raios gama. A redução nos valores dos parâmetros morfológicos pode ser atribuída à destruição do metabolismo da auxina pelos raios gama, levando a níveis reduzidos de auxina. O que provavelmente inibe o alongamento das células nas descendências tratadas. No presente estudo foram realizadas várias variantes/mutantes morfológicas e florais, algumas das quais foram significativas devido à sua verdadeira natureza de reprodução. Todas estas variantes apareceram na geração M1 e a maior parte delas segregou para esta caraterística na geração M2 com baixa percentagem, uma vez que as variantes não floresceram ou, mesmo que tenham florescido, caíram. O facto de a maioria delas ter segregado sugere que os genes mutantes em condições recessivas estavam em estado heterozigótico em M1 e mostraram segregação em M2. Resultados semelhantes foram registados por Gunckel (1957), Gunckel e Sparrow (1966) e Aniel Kumar et al. (2002 e 2004). Padmavathi (1992) em *Physalis exocarpa* Brot. Suryaprabha (1988) em *Physalis peruviana* Mahana e Gerg (1989) em *Petunia nyctaginifolra,* Meshram et al. (1989) em *Capsicum annuum.* Rajani Ratnakuari (1994) em duas cultivares de *C. annuum* também encontrou variantes morfológicas na respectiva população tratada com mutagénico.

Anomalias meióticas, para além das variantes citológicas, tais como a formação de uma elevada frequência de bivalentes em bastonete, uma frequência mais elevada de univalentes, a não orientação dos cromossomas na metáfase I, a separação desigual dos cromossomas, atrasos e pontes na anáfase I, foram encontradas em alguns meiócitos de algumas plantas tratadas da geração M1 e estas aparentemente pareciam homozigotas normais, tendo estas anomalias persistido nas plantas da geração M2, embora a sua frequência fosse menor. Basicamente, foram registadas em plantas M1 semi-estéreis e nas suas descendentes M2 que também apresentavam esterilidade. Tais anomalias também foram registadas em plantas M1 e M2 de *Vinca rosea* (Sudhakaran 1971), *C. annuum* (Subhash e Nizam 1977). Katiyar, 1978, Rao e Lakshmi 1980, Subhsh e Venkatarajam 1983 e 1984. A segregação irregular dos cromossomas e a formação de pontes podem dever-se à não separação dos cromossomas. Os cromossomas não orientados observados nas PMC podem ter resultado de uma falha no emparelhamento dos cromossomas, da não-disjunção ou de discrepâncias na formação do fuso. A presença de pontes e retardatários parece ser a caraterística comum e é atribuída ao efeito da irradiação nas divisões meióticas e mitóticas. A redução da frequência de quiasmas nas PMC's para o fracasso das carenagens deve-se a alterações estruturais produzidas nos cromossomas nas células ou células responsáveis pela formação no momento da irradiação das sementes. As possíveis razões para a redução da frequência de quiasmas são 1). Aumento da frequência de bivalentes de bastonete 2). Não formação de quiasmas e 3). Terminalização precoce de quiasmas em plantas tratadas com raios gama. Devido à falta de formação de quiasmas em algumas células, foi observada a formação de univalentes em número variável em algumas das PMCs das plantas tratadas.

Em todos os casos, a redução da formação de bivalentes em anel (dois ou mais números de quiasmas) é atribuída à segunda possibilidade, que leva à formação de um maior número de bivalentes em bastonete ou univalentes, conforme o caso, o que sugere que a redução da frequência de quiasmas, após a irradiação, pode ser devida a alterações estruturais crípticas em alguns dos cromossomas que restringem o emparelhamento e induzem a frequência de quiasmas univalentes, que é um carácter geneticamente controlado (Rees 1955, Sun e Rees 1967). Parece mais provável que o potencial global de quiasma das plantas provenientes de sementes de pimento vermelho irradiadas tenha sido reduzido na sequência de alterações de natureza genética. A comparação da frequência média de quiasmas por célula por bivalente no controlo e nas descendências M1 tratadas com diferentes doses mostra que a frequência é inversamente proporcional à dose de mutagénio. Observações semelhantes foram também efectuadas por Raghuvanshi e Singh (1979) nas variedades de *Impations balsamia* e Reddy et al. (1992) na *lentilha.*

Os valores de esterilidade polínica aumentaram com o aumento da dose de gammarays nas plantas tratadas no presente estudo. Isto está de acordo com os relatórios para *Physalia peruviana* (Surya Prabha 1988). Guptha e Roy (1985 e 1986) em *Physalia ixocorpa* e *Physalis peruviana.* Foi registada em vários casos uma redução no desenvolvimento de sementes e na fertilidade do pólen (pollen stanability), como esperado, mas a esterilidade feminina e masculina não foi afetada de forma semelhante. Os valores para a estanquidade do pólen e o pegamento de sementes foram menores nas progênies M1 em comparação com a planta da geração M2 do presente estudo. Katiyar e Roy (1976) obtiveram resultados semelhantes em Cucurbitáceas após o tratamento das sementes com gammaray. Estes relatórios sugerem que algum tipo de mecanismo de recuperação ou células estão a funcionar no período intermédio. Shaik e Godward 1972 em *Lathyrus sativus* e *Vicia ervilla* e Katiyar (1978) em *Capsicum* também expressaram um ponto de vista semelhante nos seus materiais experimentais. Isto também foi atribuído às consequências da seleção diplontica (Gaul 1960).

O que pode levar à eliminação completa de todas as células afectadas com o consequente restabelecimento da fertilidade.

i) Desinapsis:

Entre a descendência M1 foram isoladas cinco plantas dessinápticas. Na geração M2, foram isoladas dez plantas dessinápticas nas famílias M2 criadas a partir de sementes autofecundadas de plantas dessinápticas M1 (planta D1) e semiestéreis. Uma vez que a segregação foi observada entre as plantas criadas a partir das sementes não tratadas, mesmo após duas gerações, e uma vez que a dessinapse foi observada. Nas plantas tratadas, é provável que a dessinapsia se deva ao efeito dos raios gama. A dessinapsia de origem espontânea ou induzida por mutagénicos físicos ou químicos foi analisada num certo número de plantas por Koduru e Rao (1981) e Gottschalk e Kaul (1980).

Morfologicamente, as plantas dessinápticas do presente estudo eram fracas, atrofiadas em crescimento, com folhas pequenas e floresceram tarde. Caraterísticas morfológicas similares foram relatadas em plantas dessinápticas induzidas de *C. annuum* (Sethupathi Ramalingam 1977, Katiyar 1977, AnielKumar 1984 e Sadanandam et al.1981). O emparelhamento dos cromossomas foi normal e completo em paquíteno, a queda de uma parte dos cromossomas homólogos na diacinese e na metáfase I pode ser designada como dessinapse. Este futuro foi observado em todas as dessinapses do presente estudo. Também foram registados resultados semelhantes na dessinapsia de *C. annuum* (Lakshmi e Bapa Rao 1977), no *tomate* (Lydia e Raja Rao 1981), no milheto (Koduru e Rao 1978) e em *Physalis peruviana* (Surya Prabha 1988), etc. A ocorrência de univalentes e bivalentes na diacinese e na metáfase I nas plantas estéreis (plantas dessinápticas) pode ser atribuída a uma falha quiasmática. As frequências médias por PMC em todas as plantas dessinápticas do presente estudo foram baixas em comparação com os irmãos normais. Isso está de acordo com as observações de Aniel Kumar e Raja Rao (1983) em dessinápticos induzidos para o mesmo táxon que Lydia e Raja Rao relataram (1981) em *Kometillo*. Observações semelhantes foram também efectuadas por Surya Prabha (1988) na dessinaptização induzida de *Physalis peruviana.* A probabilidade de formação de quiasmas nos cromossomas é considerada um fenómeno aleatório e parece existir uma relação positiva entre o número de bivalentes por célula e o número médio de quiasmas por célula. Johnson (1944) era da opinião de que a presença de bivalência tinha um efeito retardador na divisão meiótica. Se for esse o caso, os univalentes presentes na célula mover-se-iam mais rapidamente em direção aos pólos e os bivalentes, após a terminalização dos quiasmas, ficariam para trás devido ao atraso na separação. Isto levaria à ocorrência de cromossomas atrasados na anáfase-I. Assim, parece haver uma correlação direta entre os bivalentes e os cromossomas retardatários em plantas dessinápticas e os presentes resultados apoiam esta afirmação.

Como qualquer outro mutante sináptico relatado na literatura, os dessinápticos mostraram uma grande variação no número de bivalentes por célula. A variação inter PMC na frequência de bivalentes em mutantes sugere que a resposta de diferentes cromossomas de um genoma à influência do gene mutado pode ser variável e independente (Swaminathan e Murthy 1959, Koduru e Rao 1981). A distribuição dos bivalentes em todas as 15 plantas não se ajustou à distribuição binomial, o que indica que não é aleatória. Uma explicação oferecida por Swaminathan e Murthy (1959) para a formação não aleatória de bivalentes em várias assínapses parciais foi que, quando as condições conducentes a um emparelhamento cromossómico normal eram inadequadas, havia uma diferença definitiva na capacidade de os diferentes cromossomas de uma espécie de planta se comportarem normalmente e, como consequência, alguns cromossomas do complemento não eram capazes de sofrer assínapses.

No entanto, Sreenath e Sinha (1968) salientaram que o desvio da distribuição binomial da frequência bivalente nos dessinápticos pode resultar não só de um comportamento diferencial dos diferentes cromossomas dentro do meiócito (modelo-1), como postulado por Swaminathan e Murthy (1959), mas também de diferenças entre as células de uma população (modelo-II). Rees e Naylor (1960) e Rees (1962) postularam que o comportamento diferencial dos cromossomas dessinápticos

em diferentes regiões do centeio, um outro foi casualmente relacionado com a sequência de desvio, ou seja, com a precocidade e a tardança da meiose no meiócito. Assim, a variação do estado metabólico das células submetidas à meiose em momentos diferentes afecta a expressividade dos genes que controlam o comportamento meiótico dos cromossomas. O material para o estudo provinha de mais do que um botão floral e o desvio significativo da distribuição binomial sugere que a não aleatoriedade na formação de bivalentes pode dever-se a variações nas PMC obtidas de diferentes botões florais colhidos em diferentes partes da mesma planta. Nos materiais, tais variantes na formação de univalentes em diferentes botões florais de alguma planta ou plantas também foram encontradas nos dessinápticos do presente estudo e, portanto, se encaixam nos modelos de Sreenath e Sinha (1968).

Em condições que prevalecem em mutantes dessinápticos, a distribuição de univalentes na metáfase um pode ser polar (ou) equatorial (Oster grew e Vigfusson 1953) e pode ser influenciada pelo número de bivalentes por célula John e Lewis (1965). Segundo eles, a distribuição dos univalentes era polar quando o número de bivalentes era escasso e equatorial quando os bivalentes eram muitos. No entanto, no presente estudo, os univalentes distribuíram-se aleatoriamente pela célula e não pareceram ser afectados pelo número de bivalentes por célula.

Mesmo os bivalentes e a associação de quatro cromossomas não se dispunham na placa equatorial. Este facto está amplamente de acordo com as observações de Aniel Kumar e Raja Rao 1985 e Aniel Kumar 1986 numa cultivar de *C. annuum* e Panda et al. (1987) também em *C. annuum* L.

As 15 plantas dessinápticas representando as gerações M1 e M2 do presente estudo mostraram uma ampla variação no número de univalentes em seus PMC's. Com base no número de univalentes nos meiócitos, as plantas dessinápticas do presente estudo enquadram-se nos tipos médio-forte e forte de dessinápticos de Prakken (1943). Foram registadas anteriormente dessinapses de tipo semelhante em *Zea mays* (Beadle 1933), *Crepis* (Richardson 1935), *Pisum* (Koller 1938), *Capsicum* (Raghavan e Venkata Subban 1940), *Secale* (Prakken 1943), *Tradiscantia* (Gordon 1955) e *Capsicum* (Lakshmi 1977, Katiyar 1977, Murthy e Lakshmi 1980, Sadanandam et al. 1981, Aniel Kumar e Raja Rao 1983 & 1985 e Aniel Kumar et al. 1986, Panda et al. 1987, Ventarajam e Subbash 1983 e Singh e Guptha 1990). A frequência média de quiasmas por célula foi consideravelmente reduzida, como esperado, o que se deve à ação de genes sinápticos mutantes que afectam a formação de quiasmas. O presente estudo revelou diferenças na extensão das associações cromossómicas, desde as células com emparelhamento cromossómico completamente normal até à ausência de emparelhamento. Isto indica que o comportamento dessináptico em si é governado por um fator importante que afecta a formação de quiasmas, mas está aparentemente associado a um número de modificadores que causam uma penetrância incompleta e flutuações na sua expressão, como no *tomate* (Kalia 1962). A menor frequência de quiasmas nos mutantes do que nas respectivas plantas normais encontrada no presente estudo está amplamente de acordo com as observações de Minocha et al. (1968), Singh et at. (1971), Subba Rao (1977), Aniel Kumar e Raja rao, (1983 & 1985), Panda et at.(1987), Singh e Gupta (1990) e Rajani Ratnakumari (1994) e Anitha (1997) em *C. annuum* L.

No presente estudo, existe uma correlação positiva entre a frequência de quiasmas e a frequência de bivalentes nas gerações M1 e M2. É bem conhecido que a formação de quiasmas nas plantas é controlada por um sistema poligénico. Celarier (1955) e Ehrenberg (1949) sugeriram que a dessinapsia pode ser herdada ou ser devida a factores ambientais que têm um impacto considerável na formação do quiasma.

A falta de emparelhamento e a formação de univalentes em consequência da dessinapsis e algumas outras irregularidades observadas podem também ser devidas à natureza dessináptica dos cromossomas. A formação de retardatários e a disjunção desigual de IA e AII podem ter resultado do efeito dessináptico. Lakshmi e Bapa Rao (1977), Aniel Kumar e Raja Rao (1983 & 1987), Panda et al. (1987) relataram anomalias cromossómicas meióticas semelhantes

Em *Capsicum* L, estas irregularidades meióticas conduzem a vários graus de esterilidade. Beadle (1933) e Prakken (1943) enumeraram várias razões que provocam a dessinapse, tais como a interação entre genes, a perda de pares de cromossomas, apomixias, falhas de emparelhamento em híbridos interespecíficos. Alterações estruturais e numéricas dos cromossomas, para além de causas ambientais como a temperatura, a humidade e as condições do solo. No caso presente, o fator ambiental foi excluído da dessinapsia porque a planta variante e a planta de controlo cresceram em condições ambientais idênticas e não apresentaram esta anomalia. Entre as causas genéticas enumeradas acima, é provável que, no caso presente, a dessinapsia se deva à mutação de um único complexo de genes que controla o emparelhamento dos cromossomas e a formação de quiasmas. Pode concluir-se que o fenómeno do emparelhamento dos cromossomas é controlado por genes sexuais. Um estudo mais aprofundado sobre a recombinação e uma análise da frequência univalente em vários recombinantes podem fornecer informações úteis.

ii) Aderência dos cromossomas:

Beadle (1932) referiu pela primeira vez que a viscosidade cromossómica espontânea do milho era controlada por um gene recessivo e, posteriormente, encontrou também viscosidade no milho irradiado com X (Beadle 1937). A viscosidade no tomate foi detectada na geração M1 de plantas induzidas por raios gama, que se verificou ser controlada por um gene dominante (Rao e Rao 1977). Em *Rose hybrida*, a viscosidade deveu-se ao ambiente genotípico onde existe uma competição entre várias anteras por nutrição e água (Klasterska e Natarajan 1975). Darlington (1942) opinou que a causa da viscosidade deve ser procurada numa perturbação do metabolismo dos ácidos nucleicos nos cromossomas, enquanto Shopova (1966) atribuiu a sua ocorrência na malagueta à picnose nuclear.

No presente estudo, a viscosidade registada na descendência tratada com raios gama pode dever-se à dissociação parcial das nucleoproteínas e a alterações no padrão de organização dos cromossomas ou a perturbações na reação citoquímica equilibrada. No entanto, parece mais provável que os raios gama possam ter causado algum tipo de mutação genética, que leva à codificação incorrecta de algumas proteínas não-histonas envolvidas na organização dos cromossomas. Quando afectadas, estas proteínas levam à aderência dos cromossomas ou é possível que os raios gama afectem o metabolismo do ácido nucleico, causando mutações recessivas. A divisão dos cromossomas em vários aglomerados ou grupos pode dever-se ao "fracionamento do complemento", tal como se visualizou em *Rubus* (Thompson 1962). O facto de a viscosidade no presente material variar muito em grau e de terem sido encontrados na mesma planta todos os tipos de formas de transição entre a viscosidade completa que resulta em degenerescência e a meiose normal, sugere que o gene/genes responsáveis pela viscosidade dos cromossomas estão provavelmente associados nos complexos modificadores que são desencadeados internamente, provavelmente por um determinado ambiente intercelular. Isto resulta em flutuações na expressão dos caracteres.

A viscosidade não interfere com o emparelhamento dos cromossomas nas PMC sem viscosidade. Além disso, apesar das maiores irregularidades na maioria dos PMC dos grãos de pólen, estes eram 50 % férteis. Isto indica que as condições que determinam a fertilidade são aparentemente diferentes das que determinam a viscosidade. Da mesma forma, Katiyar em Chilies (1978) e outros que trabalharam com plantas irradiadas com raios gama encontraram a aderência dos cromossomas como o efeito mais comum. Geralmente, os cromossomas agrupavam-se em um, dois ou mais grupos devido à aderência na metáfase I, causando dificuldades de disjunção. Tavav e Dyansagar (1980) observaram a aderência dos cromossomas em plantas de *Turnera ulmifortia* tratadas com EMS e raios gama, Singh e Roy (1971) em *Trigonella foenumgraccum* e Surya Prabha (1988) em *Physalis peruviana*.

Com base no estudo anterior, pode concluir-se que é possível criar mutações/variações através dos raios gama. Mas a dose específica efectiva varia de planta para planta. Em *Capsicum annuum* (30 kR), a dose parece ser a mais eficaz, uma vez que produz flores precoces com melhor rendimento (aumento do número de sementes e do peso das sementes) e também a percentagem de anomalias nesta dose. Este é um nível ótimo de anormalidade, que não produzirá qualquer efeito de deleção no complemento cromossómico da planta. Assim, pode sugerir-se que várias caraterísticas podem ser melhoradas nas plantas desejadas, mesmo com doses mais baixas de raios gama.

RESUMO

Sementes secas de *Capsicum annuum* var. G4 foram expostas a diferentes doses de raios gama 10-60 kR com um intervalo de dose de 10kR e as plantas foram testadas quanto à sua sensibilidade à radiação. O estudo revelou que a percentagem de germinação, a sobrevivência das plântulas, a capacidade de coloração do pólen e a fixação das sementes mostraram uma redução gradual com um aumento correspondente da dose de radiação nas descendências da geração M1. Nas doses de 50 e 60kR, registou-se a mortalidade das plântulas e uma fraca germinação na geração M1. Os dados foram avaliados para os parâmetros acima mencionados também para as progénies M2 e a mesma tendência foi discernida através dos valores relativamente mais elevados em M2 do que na geração M1. As plântulas anormais, ou seja, plântulas gémeas, cotilédones triplos, cotilédones bi-lobados, cotilédones espessos e verde-escuros, estavam presentes na descendência M1 em baixa proporção e morreram ao fim de duas semanas.

A morfometria comparativa de nove parâmetros para todas as linhas tratadas, bem como para os controlos, foi tabulada e o estudo revelou uma diminuição significativa dos valores da altura da planta, da dispersão da planta, do comprimento e da largura da folha, do diâmetro da flor, do comprimento e da circunferência do fruto, do conjunto de sementes e da capacidade de coloração do pólen. A mesma tendência foi pronunciada para todos os parâmetros nas progénies M2 através dos seus valores relativamente mais elevados em M2 do que em M1. Verifica-se também que os valores de todos os parâmetros entre M1 e M2 foram significativamente diferentes. A coloração do pólen nas plantas tratadas de M1 variou entre 24,20 e 30,16 e entre 24,00 e 36,21 em M2 e 26,5 e 93,5 nos controlos.

Foram encontrados vários tipos de variantes/mutantes morfológicos, tais como fenótipos altos e anões, folhas largas, folhas estreitas, folhas pequenas, folhas curvas, folhas dobradas, fenótipo arbustivo, fenótipo de floração precoce e descendentes sem flores nas descendências tratadas de M1 do presente estudo.

O mesmo conjunto de caracteres alterados da variação de fenótipos foi obtido em M2 e os padrões de segregação para várias variantes foram considerados monogénicos recessivos. O efeito politrófico de um único gene que manifesta vários traços nas variantes do presente estudo foi pronunciado.

As anomalias citológicas registadas nas progénies tratadas de M1 e M2 foram dessinápticas e a aderência dos cromossomas. As variantes dessinápticas foram isoladas das gerações M1 e M2 tratadas com raios gama. Morfologicamente, as plantas dessinápticas não se distinguiam dos controlos. Com base no grau de emparelhamento cromossómico, as plantas dessinápticas do presente estudo enquadram-se nas categorias "médio forte" e "forte" de Prakken (1943). Foram registadas diferenças entre plantas no que diz respeito às associações cromossómicas e aos quiasmas nestas plantas dessinápticas, para além de univalentes, foram registadas associações de quatro cromossomas, para além de bivalentes, em algumas PMC. A formação de bivalentes entre os dessinápticos foi considerada não aleatória. Outros desvios na formação de bivalentes entre os dessinápticos foram atribuídos a diferenças intercelulares.

As frequências médias de quiasma nos dessinápticos foram inferiores às do controlo. Irregularidades meióticas, como retardatários, disjunção cromossómica irregular e pontes, variando de 1-2, foram registadas em todos os dessinápticos, tanto na anáfase-1 como na II, com frequências variáveis. Mais ou menos o mesmo padrão relacionado com o grau de emparelhamento dos cromossomas, frequências de quiasmas e outras anomalias da Anáfase-I e II foi também discernível nos dessinápticos M2. A esterilidade do pólen foi moderada a alta entre os dessinápticos M1 e M2 do presente estudo, conseqüentemente o pegamento de sementes foi moderado a baixo neles.

Morfologicamente, algumas plantas das linhas tratadas eram fracas, com crescimento atrofiado, flores tardias com abertura irregular e frutos mais pequenos em comparação com o controlo. O controlo citológico destas plantas revelou que estas apresentavam aderência e aglomeração de cromossomas. Isto deve-se possivelmente à ação do gene/dos genes que controlam a aderência.

REFERÊNCIAS

Alcantara, T.P., Bosland, P.W. e D.W. Smith 1996. Mutagénese de sementes de *Capsicum annuum* L. induzida por etilmetano sulfonato. **The Jour. of Heredity. 87**(3): 239-241.

Aniel Kumar, O. e Raja Rao, K.G. 1983. Colchicine induced desynapsis in chillies (*Capsicum annuum* L) **J. Cytol. & Genet., 18**: 51-55.

Aniel Kumar, O. 1984. Cytogenetical and palynological studies in the genus *Capsicum* L. Tese de doutoramento não publicada apresentada à Universidade de Andhra, Waltair, Índia.

Aniel Kumar, O. e Raja Rao, K.G. 1985. Desinapsis in *Capsicum frutescens* L. **Cytologia. 50**: 69-73.

Aniel Kumar, O. Ramesh C. Panda. e K.G. Raja Rao. 1986. Modo de formação de bivalentes em mutantes dessinápticos de pimenta malagueta (*Capsicum annuum* L.). **Can. J. Genet. Cytol. 28:** 335-339.

Aniel Kumar, O. e K.G. Raja Rao 1987. Meiosis in normal and desynaptic *Capsicum chinense* Jacq. **J. Cytol & Genet. 16: 166- 175.**

Aniel Kumar, O., Anitha, V., Subhsani, K.R. e K.G. Raja Rao. 2001. Induced morphological mutations in *Capsicum annum* L. **Capsicum and Egg plant Newsletter. 20**: 72-75

Aniel Kumar, O., Anitha, V., Subhsani, K.R. e K.G. Raja Rao. 2002. Estudos sobre mutações morfológicas induzidas e herança na pimenta (*Capsicum annum* L.). **Jour. of National Taiwon Musuem. 55**(2): 33-40.

Aniel Kumar, O. e K.G. Raja Rao 2004. Desinapsis induzida por stress a altas temperaturas na pimenta (*Capsicum annuum* L.). **Jour. of National Thaiwan museum. 57(1): 29- 34.**

Anitha, V. 1997. Investigações citomorfológicas induzidas por raios gama na pimenta (*Capsicum annum* L.) Dissertação de mestrado apresentada à Universidade de Andhra, Visakhapatnam.

Asha, M.S. e Nayar, N.K. 1986. Influence of genic status in relation to Gamma-ray and EMS induced pollen sterility in chillies (*Capsicum annuum* L.) **Ind. Jour. Bot. 9** (1): 89-91.

Auni, S., Daskalor, S. e Filev, K. 1978. Efeito radiogenético da radiação gama em diferentes estados ontogenéticos do pimentão. **C.R. Acad. Sci.**Bulg. **31**: 1357.

Bansal, H.C. 1973. Mutação induzida que afecta o desenvolvimento da flor em *Capsicum annuum* L. **Curr. Sci. 42**(4): 139-141.

Bapa Rao, N., Lakshmi, N. e Prakasa Rao, P.S. 1980. Mutante floral induzido por raios gama que afecta a esterilidade feminina em *Capsicum* L. **Curr. Sci. 49:** 944-945.

Beadle, G.W., 1932. Um gene para cromossomas pegajosos em *Zea mays*. ***Z.* Ind. Abst. Vererbungs. 163:** 195-217.

Beadle, G.W., 1933. Further studies of asynaptic *Maize*. **Cytologia, 4**: 269-287.

Beadle, G.W. 1937. Aberração cromossómica de mutação genética em plantas com cromossoma pegajoso de *Zea Mays*. **Cytologia. 43- 56.**

Bhargava, Y.R. e Umalkar, G.V. 1989. Mutações produtivas induzidas em *Capsicum annuum* por mutagénicos físicos e químicos. **Ata.Horti. No. 253:** 233-238.

Celarier, R.P. 1955. Desynapsis in *Tradescantia*. **Cytologia. 20:** 69-83.

Christopher, T., Prolaram, B., Sadanandam, A. e Subhash, K., 1989. Mutante de flor pistilada em *Capsicum annuum* L. **Capsicum News letter. 8-9:** 44.

Darlington, C.D. 1942. Chromosome Chemistry and gene action. **Nature. 149**: 66-69.
Daskalov, S. 1971. Dois novos machos estéreis de pimenta (*Capsicum annuum* L.). **C.R. Acad. Sci. Agr**. Bulg. **4**: 291.
Daskalov, S. 1972. Investigações sobre mutações induzidas em pimenta (*Capsicum annuum* L.). I. Caraterísticas morfológicas de mutantes na variedade P. Kapra 794. **Genet. and Breed.** 5: 221.
Daskalov, S. 1974. Investigações sobre mutações induzidas em pimentão (*Capsicum annuum* L.). In: EUCARPIA Genetics and breeding of *Capsicum annum*. **Budapeste: 81.**
Daskalov, S. 1977. Mutações induzidas em pimentão (*Capsicum annuum* L.). **In: C.R. 3me Congresso EUCARPIA Piment: 155.**
Daskalov, S. 1986. Reprodução de mutações em pimenta. **Mutation Breeding Review**. **IAEA / FAO: 4.**
Dnyansagar, V.R. e P.D Gaikwad. 1979. *Coriandrum sativum* L. **J. Cytol. Genet. 14: 37-45.**
Ehrenberg, E.C. 1949. Estudos sobre a assíntota no elemo *Ulmus glabra* **Huds. Heriditas. 35: 1-26.**
Ehrenberg, L. e Gustaffson e Lundquest, V. 1961. Mutações viáveis induzidas na cevada por radiações ionizantes e mutagénicos químicos. **Hereditas. 47: 243-282.**
Filippeti, A. e Marzana, C. 1984. Novos mutantes interessantes em *Vicia faba* após tratamento de sementes com raios gama e etilmetano sulfonato. **FABS Newsletter. 9: 20-25.**
Gaul, H.1960. Análise crítica dos métodos de determinação da frequência de mutação após tratamento de sementes com agentes mutagénicos. **Radiat. Bot. 4: 155232.**
Goltshalk, W. e Kaul, M.L.H. 1980. Asynapsis and desynapsis in flowering plants II. Desinapsis. **O Núcleo. 23: 97-120.**
Gordon, S.A. 1955. Estudos sobre o mecanismo de danos às fitohormonas por radiação ionizante. **Proc. Int. Conf. on peaceful uses of Atomic Energy (Genebra, ONU). 11:283-291.**
Gunckel, J.E. 1957. Os efeitos das radiações ionizantes nas plantas IV. Efeitos morfológicos. **Quart.Rev.Biol. 32: 46- 56.**
Gunckel, J.E. e Sparrow, A.H. 1966. Radiações ionizantes: aspectos bioquímicos, fisiológicos e morfológicos dos seus efeitos nas plantas. **Encycl. Pl. Physiol. 16: 555-611.**
Gupta, S.K. e Roy, S.K. 1985. A Comparison of meitic abnormalities induced by gamma-rays between a diploid and a tetraploid species of *Physalis*. **Cytologia. 50: 167-175.**
Gupta, S.K. e Roy, S.K. 1986. Esterilidade induzida por radiação numa espécie diploide e tetraploide de *Physalis*. **Cytologia. 50: 167-175.**
Iqbal, J. 1969. Anomalias de crescimento induzidas por radiação em ápices de rebentos vegetativos de *Capsicum annuum* L em relação a danos celulares. **Rad. Bot. 9: 491-499.**
Iqbal, J. 1970. Recuperação de danos celulares em ápices vegetativos de *C. annuum* após irradiação gama aguda. **Rad. Bot. 10: 337-343.**
Johnson, H. 1944. Aberrações meióticas e esterilidade em *Alopecurus myosuroides*. Huds. Hereditas. **30**: **471-562.**
John, B. e Lewis, K.R. 1965. O sistema meiótico. **Protoplamatologia. Vol. VI F/1, Wein: Springer.**

Kalia Hetram. 1962. Estudo citogenético da asinapsia no tomateiro (*Lycopersicon esculentum*). **J.Genet. 58: 65-80.**
Kamalludin, M.S. e Abraham, A.T. 1970. Efeitos biológicos dos raios X na malagueta *Capsicum annuum.* **Agric. Res.j.** (Kerala). **15: 81-85.**
Kapur, S.K. 1971. Elements of practical statistics. **Oxford e IBH Publishing Co., Calcutá, Índia.**
Katiyar, R.B. 1977. Estudos radiocitogenéticos em *Capsicum* induzidos por dessinapses. **Caryologia. 30: 374-350.**
Katiyar, R.B. 1978. Estudos radio-citogenéticos em *Capsicum.* 1. Anomalias meióticas. **Cytologia. 43:415-421.**
Katiyar, R.B. e Roy, S.K. 1976. Estudos radiocitológicos em algumas cucurbitáceas III. Anomalias meióticas induzidas pelo armazenamento pós-irradiação gama e suas consequências. **Revista de Biologia (Lisbos). 10: 1-4: 9399.**
Klasterska, I. e Natarajan. A.T. 1975. Stickiness in *Rose* meiosis induced by hybridization. **Cytologia. 28**: 81-88.
Koduru, P.R.K. e Krishna Rao, M. 1978. Emparelhamento de cromossomas e dessinapses em autopoliplóides espontâneos de *Pennisetum typhoides.* **Cytologia. 43: 445-452.**
Koduru, P.R.K. e Rao. M.K. 1981. Citogenética de mutantes sinápticos em plantas superiores. **Theor. Appl. Genet. 59: 197-214.**
Koller, P.C. 1938. Asynapsis in *Pisum satiuum*. **J.Genet. 36: 276-306.**
Konzak, C.F., Nilan, R.A., Wagner, J. e Foster, R.J., 1965. Mutagénicos químicos eficazes. Na utilização de mutações induzidas no melhoramento de plantas. **Radiation Bot. (Suppl.) 5: 19-70.**
Kumar, O.A. e Raja Rao, K.G. 1983. Desinapsis induzida por colchicina em malaguetas vermelhas (*Capsicum annuum* L.). **J.Cytol.Genet.18: 51-55.**
Lakshmi, N. e Rao, N.B. 1977. Comportamento meiótico de plantas dessinápticas parciais induzidas por mutagénicos em *Capsicum annuum* L. **Microbios letter. 4: 169-174.**
Lakshmi, N. e Rao, N.B. 1988. Mutantes de frutos robustos de malagueta (*Capsiucm annuum* L.) induzidos por radiação. **Ind. Jour. Agricul. Sci. 58(4):311-312.**
Lydia, G. e Raja Rao, K.G. 1981. Dessinapsis espontânea em tomatillo (*Physalis ixocarpa* Brot.). **J. Cytol. Genet. 16: 207-211.**
Mahana, S.K e Greg, S. 1989. Mutação induzida em *Petonia nyctaginia* flora Juss. **Biologia Plantarum** (Praha). **16: 207-211.**
Meshram, L.D. 1989. Mutante de folha de chávena da malagueta (*Capsicum annuum* L.).
Agric.Sci. Digest.(Karnal). **9(1): 27-28.**
Meshram, L.D., Wandhare, M. R., Kulwal, P.L. e Swathi bharad, 2000. Macromutações em Chili (*Capsicum annuum* L.) irradiado com raios gama. **Capsicum and Egg plant News Letter. 36: 223-229.**
Minocha, J.L., Gill, B.S. e S. Singh. 1968. Desynapsis in pearl-millet. **J. Rus. Punjab Agric.Univ. 5 (Supl): 32-36.**
Murthy, N.S. e Lakshmi, N. 1980. Estudos citomorfológicos em mutantes dessinápticos parciais espontâneos de malaguetas. **Genet, Iber. 32-33: 71-82.**
Nagella e Nagella, B.R. 1978. Comportamento meiótico de plantas parcialmente dessinápticas induzidas por mutagénicos em *Capsicum annuum* L. **Microbios. Letter. 4(5): 169-174.**
Nilan, R.A., Konzak, C.F., Wagner, J. e R.R. Legault 1965. Effectiveness and efficiency of radiation for inducing genetic and cytogenetic changes. The use of

induced mutations in plant breeding (Relatório FAO/IAEA Tech. meeting Rome 1964). Pergamon Press Oxford pp.71.

Ostergreew, G. e Vigfusson, E. 1953. Sobre a correlação de posição de seus univalentes e quase-bivalentes formados por univalentes pegajosos. **Hereditas. 39: 33-50.**

Padmavathi, M.V. 1992. Investigações citogenéticas e bioquímicas sobre alguns mutantes induzidos por raios gama, EMS e NMU em *Physalis ixocarpa* Brot. Tese de doutoramento apresentada à Universidade de Andhra, Waltair.

Panda, R.C. 1986. Estudos citogenéticos em pimenta malagueta (*Capsucum* L.) Tese de doutoramento apresentada à Universidade de Andhra, Waltair.

Panda, R.C., Aniel Kumar, O. e Raja Rao, K.G. 1987. Mutante dessináptico em pimenta malagueta. **The Journal of heredity. 78: 101-104.**

Prakken, R. 1943. Estudos de asinapsis em *centeio*. **Hereditas. 29: 475-495.**

Prolaram, Christopher, T. e Subhash, K. 1989. Mutante de fruto sem sementes em *Capsicum*. **Carta de Capsicum. 8-9:45-46.**

Raghavan, T.S. e Venkatasubban, K.R. 1950. Estudos sobre as malaguetas do Sul da Índia, I.A. descrição das variedades, números cromossómicos e citologia de alguns derivados radiografados em *Capsicum annuum* L. **Proc.Ind. Acad. Sci. 12(20): 29-46.**

Raghavan, T.S. e Venkatasubban, K.R. 1940. Estudos sobre as malaguetas do Sul da Índia. **Proc. Ind. Acad.Sci. 12B: 29-49.**

Raghuvanshi, S.S. e Singh, D. 1979. Radiosensibilidade comparativa de diferentes variantes de *Impatiens balsamia* L. **Cytologia. 44: 111-112.**

Raghuvanshi, R.K. e Singh, D. 1981. Meiose em alguns mutantes induzidos e aberrantes em *Capsicum* L. **Cell and Chromosome Res.** 4(3) : **50-52.**

Rajani Rathnakumari, P.V. 1994. Estudos citomorfológicos em duas cultivares de *Capsicum annuum* L. M.Phil. Dissertação apresentada à Universidade de Andhra, Waltair.

Rao, P.N.e Rao, R.N. 1977. A aderência dos cromossomas meióticos induzida por raios gama no tomate. **Theor.Appl.Genet. 50: 247-252.**

Rao, N.B. e Lakshmi, N. 1980. Anomalias meióticas induzidas por raios gama em *Capsicum annum* L. **Caryologia. 33: 509-518.**

Rao, Y.V.R., Rao, M.V.B., Babu, V.R., Kumar, P.V.R. e Subramanyam, D. 1991. Eficiência e eficácia de mutagénicos físicos e químicos na geração M2 de malagueta (*Capsicum annuum* L.). **J. Nucl. Agri. and Biol. 24(4): 255-259.F**

Reddy, V.R.K., Indira, M. e Revathi, R. 1992. Anomalias meióticas em lentilhas (*Lens culnaris* MEDK) induzidas por radiação gama, EMS e azida de sódio. **The Jour. Cytol. Genet. 27(1):1-10.**

Richardson, M.M. 1935. Meiose em ***Crepis*** III. Falha de emparelhamento em *Crepis capillaries* L. Walter. **J. Genet. 31: 119-143.**

Roseline Subhashini, K. 1997. Mutagénios induzidos na pimenta malagueta (*Capsicum annuum* L.). Dissertação de Mestrado em Filosofia. Dissertação apresentada à Universidade de Andhra, Visakhapatnam.

Rees, H. 1955. Controlo genotípico do comportamento cromossómico no *centeio* I. Linhas consanguíneas. **Hereditariedade. 9: 93-116.**

Rees, H. e R. Naylor. 1960. Variação do desenvolvimento no comportamento dos cromossomas. **Heredity. 15:17-27.**

Rees, H. 1962. Variação do desenvolvimento na expressão de genes que causam a quebra de cromossomas no *centeio*. **Heredity. 17: 427-438.**

Sadanandam, A. 1981. Mutante dessináptico em *Capsicum* induzido por etil metano sulfonato. **Indian J. Exp. Biol. 19: 303-304.**
Sadanandam, A., Kumar Swamy, G. e Subhash, K. 1981. Mutação dessináptica em *Capsicum* induzida por etilmetano sulfonato. **Ind.J. Exp. Biol. 19: 303-304.**
Sadanandam, A. e Subhash, K. 1983. Desinapsis induzida em *Capsicum.* **O Núcleo. 26:**7-8.
Sethupathi Ramalingam, R. 1977. Nota sobre o mutante assináptico induzido em *Capsicum annum* L. **Sci. & Cult. 43: 237-238.**
Shaik, M.A.Q. e Godward, M.B.E. 1972. As consequências meióticas das quebras cromossómicas induzidas por radiação em *Lathyrus sativus* e *Vicia ervilia.* **Cytologia. 37: 497-505.**
Shopova, M. 1966. Estudos no género Capsicum II. Irregularidades nas células-mãe do pólen. **Chromosoma (Burl). 19:349-358.**
Singh, A. e Roy, R.P. (1971) X-irradiation studies on *Trigonella. Foenum- graccum* L. **Gene. Iber. 23:49-60.**
Singh, R.K. e Gupta, S.N. 1990. Mutantes dessinápticos da malagueta I. **J. Cytol. and Genet. 25:49-59.**
Snedecor, G.W. e Cocharm, W.G.1967. Statical methods. Iowa State University Press, Ames. Iowa,U.S.A.
Skriphikova, Z. 1976. Mutantes de pimentão induzidos por mutagénicos químicos. **Genetica. 12:37.**
Sreenath, P.R., Sinha, S.K. 1968. Uma análise do comportamento cromossómico durante a meiose em milho assináptico. I. Distribuição dos bivalentes. **Cytologia. 33: 69-72.**
Sripichitt, M., Navata, E.E., e Shigenaga, S. 1988. Mutação induzida por radiação utilizando a técnica de gemas adventícias in vitro em pimento vermelho (*Capsicum annum* C V Yatsubus) Análise da variante surgida na geração M1. **Jap. J. Breed. 38: 141.**
Subba Rao, M.V. 1977. Meiose em diplóides e tetraplóides dessinápticos de milheto pérola. **Proc. Ind. Acad. Sci. 87B: 17-22.**
Subhash, K. e Nizam, J. 1977. Efeito da irradiação gama em certos membros de Solanaceae. **Agric. e Agro-Indus. Jou.** 1-4.
Subhash, K. e Nizam, J.1979. Anomalias cromossómicas induzidas por raios gama em *Capsicum.* **Jour. Cytol.Geet. 14:80-82.**
Subhash, K. e Venkatarajam, M.1983. Variação citológica e morfológica induzida em *Capsicum* por irradiação X. **Ind.Jour.Bot.691: 2932.**
Sudhakaran, I.V.1971. Anomalias meióticas induzidas por raios gama em *Vica rosea* L. **Cytologia. 3691: 67-79.**
Sudhakar, P. 1985. Studies on mutagen-sensitivity of diploid and tetraploid *Petunias* and cytogenetics of induced mutants. Tese de doutoramento apresentada à Universidade de Andhra, Waltair.
Sun, S. e Rees, H. 1976. Controlo genotípico do comportamento cromossómico no centeio IX. O efeito da seleção na frequência de disjunção das associações de troca. **Heridity. 22: 249- 254.**
Surya Prabha, P. 1988. Estudos sobre os efeitos de mutagénicos físicos e químicos em bagas de ganso do cabo (*Physalis peruviana* L). Dissertação de mestrado apresentada à Universidade de Andhra, Waltair.
Swaminathan, M.S. e Murthy, B.R. 1959. Aspects of asynapsis in plants I. Random and non-random chromosome association. **Genetics. 44: 1271-1280.**
Tavav, J. L. e Dnyana Sagar, V R. 1980. Comparação de anormalidades meióticas

induzidas por sufonato de etilo e radiação em *Tunera ulmifolia* L. var. *Angustifolia* wild. **Cytologia. 45:221-231.**
Terzyan, P. e Sahakyan, T. 1974. O efeito dos raios gama na mutação em plantas de pimenta. Biol**. J. Armenii. 27: 103.**
Thompson, M.M. 1962. Citogenética de Rubus III. Instabilidade meiótica em alguns poliplóides superiores. **Amer J. Bot. 49: 575-582.**
Venkatarajam, M. e Subhash, K. 1983. Estudos sobre dessinapses induzidas em *Capsicum annuum* L. **Curr. Sci. 52(23): 1151-1152.**
Venkatarajam, M. e Subhash, K. 1984. Comparative mutagenesity of individual and combined treatment of X-irradiation and HA in *Capsicum annuum* L**. Perspectives in Cytology and Genetics. 4:257-264 (Eds. G.K. Manna & U.Sinha).**
Zubrzycki, H. e Vonder pahlen, A. 1972. Comparação entre os efeitos do EMS e dos raios gama na indução de mutação em *Capsicum annuum* L. **In: Induced Mut. And Plant Impr., IAEA, 387.**

Tabela. 1. Efeito dos raios gama na germinação de sementes, sobrevivência de plântulas e floração de *C. annuum* var. G4: geração M1.

S.N.	Tratamento (kR)	% de germinação de sementes em 12th dia	% de sobrevivência em 45th dia	Plantas com flores		Plantas sem flores	
				Número	%	Número	%
1	Controlo	98.00	90.00	90	100.00	-	-
2	10 kR	70.00	60.00	56	93.33	4	6.67
3	20 kR	62.00	56.00	49	87.50	7	12.50
4	30 kR	56.00	47.00	39	82.97	8	17.02
5	40 kR	47.00	32.00	23	71.87	9	28.12
6	50 kR	38.00	24.00	14	66.67	10	41.67
7	60 kR	32.00	22.00	11	50.00	11	50.00

***100** sementes por cada tratamento.

Tabela. 2. Efeito dos raios gama na germinação de sementes, sobrevivência de plântulas e floração de *C. annuum* var. G4: geração M2.

S.N.	Dose (kR)	N.º de. Sementes germinadas	% de germinação de sementes em 12th dia	% de sobrevivência em 45th dia	% de sobrevivência das plântulas	Plantas com flores		Plantas sem flores	
						Número	%	Número	%
1	Controlo	396	99.00	376	94.95	376	100	-	-
2	10 kR	296	74.00	218	73.50	207	94.95	1[illegible]	5.04
3	20 kR	260	65.00	164	63.07	148	90.24	16	9.76
4	30 kR	240	60.00	140	58.33	122	87.14	18	12.86
5	40 kR	200	50.00	98	49.00	78	79.59	20	20.41
6	50 kR	164	41.00	64	39.02	44	68.75	22	34.37
7	60 kR	144	36.00	50	34.72	27	54.00	23	46.00

* 400 sementes por cada tratamento

Tabela. 3. Efeito dos raios gama na morfometria de *C. annuum* var. G4: geração M1 (intervalo indicado entre parênteses).

Caracteres morfológicos										
Dose (kR)	**Não. de Plantas**	**Planta altura (cm)**	**Planta espalhar (cm)**	**Folha comprimento (cm)**	**Folha amplitude(cm)**	**Flor diamanter (cm)**	**Fruta comprimento(cm)**	**Fruta perímetro(cm)**	**Pólen manchadoty (%)**	**Conjunto de sementes**
Controlol	90	64.50+0.30	62.60+0.16	10.70+0.40	4.60+0.16	1.90+0.16	10.90+0.20	2.50+0.16	93.20+0.16	56.20+0.18
		(57-70)	(48-78)	(9-14)	(3-5)	(1.6-2.8)	(6-12)	(2-3)	(86-98)	(46-60)
10 kR	60	52.60+0.22	57.40+0.20	9.20+0.20	4.90+0.14	2.20+0.14	9.60+0.20	2.20+0.12	52.10+0.14	43.10+0.16
		(47-65)	(48-60)	(7-14)	(3-5)	(1.8-3.0)	(6-12)	(2-3)	(40-60)	(30-50)
20 kR	56	46.75+0.20	52.20+0.15	8.40+0.16	5.20+0.12	2.52+0.18	8.40+0.16	2.05+0.10	49.16+0.15	36.20+0.20
		(42-58)	(46-60)	(6-13)	(4-7)	(1.9-4.0)	(6-12)	(1.6-3.0)	(36-50)	(26-40)
30 kR	47	43.60+0.15	50.70+0.20	7.90+0.14	5.60+0.14	2.65+0.17	8.10+0.12	1.90+0.12	46.16+0.12	30.60+0.16
					(4-8)					

		(37-56)	(46-60)		(6-13)	(1.9-4.0)	(6-12)	(1.6-3.0)	(30-50)	(20-40)
40 kR	32	35.20+0.	48.60+0.	7.60+0.1	5.75+0.16	2.74+0.	7.90+0.2	1.82+0.	40.00+0.1	26.6[illegible]+0.
		12	25	6	(4-8)	14	0	10	0	17
		(26-46)	(38-56)	(6-12)		(1.9-4.0)	(6-12)	(1.6-3.0)	(30-50)	(20-36)
50 kR	24	32.70+0.	35.40+0.	7.20+0.2	5.86+0.20	2.85+0.	7.40+0.4	1.76+0.	35.10+0.1	22.[illegible]+0.1
		16	20	0	(4-8)	20	0	08	2	4
		(24-46)	(32-48)	(6-12)		(1.9-4.0)	(6-12)	(1.40-3.0)	(20-40)	(18-30)
60 kR	22	26.40+0.	28.70+0.	6.20+0.1	5.96+0.20	2.90+0.	7.10+0.3	1.62+0.	23.20+0.1	19.[illegible]6+0.
		12	20	0	(4-8)	16	0	06	6	16
		(16-36)	(22.46)	(5-10)		(1.9-4.0)	(6-12)	(1.40-3.0)	(10-30)	(14-26)

Tabela. 4 Valores 't' da morfometria induzida por raios gama de *C. annuum* var. G4 : geração M1.

Comparação emparelhada		Altura da planta (cm)	Espalhamento da planta (cm)	Comprimento da folha (cm)	Largura da folha (cm)	Diâmetro da flor (cm)	Comprimento do fruto (cm)	Circunferência do fruto (cm)	Coloração de pólen (%)	Conjunto de sementes
Controlo	10kR	326.00	168.62	30.42	12.18	12.14	39.19	13.10	1868.18	467.25
Controlo	20kR	428.70	397.02	49.52	25.89	21.14	83.47	20.93	2202.00	611.41
Controlo	30kR	543.56	353.15	60.95	37.87	25.02	102.51	24.70	2138.18	851.44
Controlo	40kR	769.47	295.96	61.14	34.99	28.06	72.97	27.84	2418.18	734.73
Controlo	50kR	699.66	615.80	60.02	28.56	21.51	41.50	31.55	2420.83	997.29

Controlo	60kR	438.63	739.29	95.50	29.74	26.35	56.43	41.62	1944.44	950.05
10kR	20kR	147.12	159.13	24.01	12.56	10.63	35.90	7.33	109.43	204.90
10kR	30kR	251.03	221.16	39.61	25.90	14.67	48.11	12.83	237.35	403.43
10kR	40kR	479.53	171.95	41.77	25.39	17.62	38.89	16.17	481.12	454.14
10kR	50kR	452.68	602.79	41.40	21.90	14.56	25.70	19.56	560.47	601.60
10kR	60kR	685.41	575.82	89.62	47.40	18.14	36.27	28.87	751.21	602.27

Contd...

Quadro - 4 Contd...

20kR	30kR	91.20	42.37	16.91	15.48	3.76	1.71	6.81	112.82	158.39
20kR	40kR	338.49	74.18	22.56	16.97	6.38	12.12	10.37	342.92	238.75
20kR	50kR	332.93	351.80	26.034	15.07	6.97	11.85	13.74	444.39	363.03
20kR	60kR	550.04	498.76	72.82	16.71	9.10	19.29	6.99	657.26	394.04
30kR	40kR	275.63	39.65	8.41	4.29	2.57	5.09	3.21	247.69	105.40
30kR	50kR	277.27	304.92	15.33	5.70	4.18	8.35	5.85	367.44	233.54
30kR	60kR	510.93	425.82	57.58	7.61	5.92	15.08	12.92	600.89	277.21
40kR	50kR	64.19	219.39	8.05	2.21	7.28	71.71	2.49	162.25	110.94
40kR	60kR	264.78	324.04	39.52	4.11	3.79	12.06	9.16	438.17	163.92
50kR	60kR	151.85	108.41	21.71	1.69	17.73	2.89	6.75	283.65	63.84

*Significativo ao nível de 5%

Tabela. 5. Efeito dos raios gama na morfometria de *C. annuum* var. G4: geração M2 (intervalo indicado entre parênteses).

	Caracteres morfológicos								
Dose	P l ant	Planta	Folha	Folha	Flor	Fruta	Fruta	Pólen	Conjunto de sementes
(kR)	altura	espalhar	comprimen to	amplitude	diâmetro	comprimento (cm)	perímetro (cm)	manchabilidade	
	(cm)	(cm)	(cm)	(cm)	(cm)	)	)	(%)	
Controlo	68.70+	68.60+0.2	10.80+0.1	4.80+0.1	2.10+0.1	11.20+0.1	2.60+0.1	93.60+0.2	58.60+0.1
1	0.16	0	0	6	6	6	0	0	0
	(60-80)	(60-80)	(9-11)	(3-5)	(1.5-3.0)	(9-12)	(1.5-3.0)	(90-100)	(50-60)
10 kR	58.10+0.1	60.70+0.1	9.40+0.16	4.90+0.1	2.15+0.1	10.70+0.1	2.30+0.1	54.20+0.1	45.00+0.1
	4	0	(8-11)	2	4	2	0	0	2
	(50-70)	(50-70)		(3-6)	(1.5-	(9-12)	(1.5-3.0)	(50-60)	(40-55)
					3.01)				
20 kR	52.20+0.2	57.60+0.1	9.10+0.15	5.30+0.1	2.30+0.1	9.20+0.16	2.20+0.1	50.10+0.1	40.00+0.1
	0	5	(8-11)	6	6	(8-11)	2	6	6
	(50-65)	(50-65)		(3-6)	(1.5-		(1.5-3.0)	(40-50)	(35-50)
					3.01)				
30 kR	50.70+0.1	54.80+0.1	8.20+0.12	5.70+0.1	2.50+0.0	8.76+0.14	2.00+0.1	47.20+0.1	34.16+0.1
	8	6	(7-10)	2	6	(8-11)	6	5	[illegible]

	(46-60)	(45-60)		(3-6)	(1.5-3.5)		(1.5-3.0)	(40-50)	(30-40)
40 kR	47.60+0.2	52.70+0.2	7.90+0.14	5.80+0.1	2.70+0.1	8.20+0.10	1.90+0.1	42.70+0.1	30.60+0.1
	0	0	(7-10)	0	2	(8-11)	0	3	7
	(40-55)	(40-60)		(3-7)	(1.5-3.5)		(1.0-3.0)	(30-45)	(25-40)
50 kR	40.16+0.1	47.60+0.1	7.60+0.12	5.90+0.1	2.85+0.1	7.90+0.12	1.80+0.1	37.60+0.1	27.60+0.1
	4	2	(6-10)	4	0	(7-10)	1	0	8
	(35-55)	(40-55)		(3-7)	(1.5-4.0)		(1.0-3.0)	(30-45)	(20-35)
60 kR	36.50+0.2	34.20+0.1	7.10+0.16	6.00+0.1	2.96+0.1	7.60+0.13	1.72+0.1	30.60+0.2	22.10+0.1
	0	6	(6-10)	2	1	(7-10)	6	0	6
	(25-40)	(25-40)		(3-8)	(1.5-4.0)		(1.0-3.0)	(25-40)	(16-30)

* Valores médios baseados em 50 plantas para cada dose

Tabela. 6. Valores 't' da morfometria induzida por raios gama de *C. annuum* var. G4 : geração M2.

Comparação emparelhada		Altura da planta (cm)	Espalhamento da planta (cm)	Comprimento da folha (cm)	Largura da folha (cm)	Diâmetro da flor (cm)	Comprimento do fruto (cm)	Perímetro do fruto (cm)	Coloração de pólen (%)	Conjunto de sementes
Controlo	10kR	378.57	254.83	53.84	3.12	16.66	17.85	15.00	1335.48	680.00
Controlo	20kR	458.33	314.28	68.00	16.12	6.45	64.51	45.45	1263.88	715.38
Controlo	30kR	545.45	361.11	90.90	32.14	12.50	84.13	23.07	1382.85	1110.90
Controlo	40kR	586.11	397.50	120.83	38.46	21.42	115.38	35.00	1603.03	1037.03
Controlo	50kR	1019.28	656.25	145.45	37.93	28.84	117.85	38.09	1870.96	1068.96
Controlo	60kR	894.44	955.55	142.30	42.85	31.85	128.57	33.84	1625.00	1403.84
10kR	20kR	178.78	129.16	10.00	11.76	5.35	57.69	5.00	119.23	192.30

10kR	30kR	246.66	226.92	46.15	40.00	18.42	88.18	12.53	291.66	542.00
10kR	40kR	318.18	258.06	53.57	40.00	25.00	125.00	20.00	522.72	553.84
10kR	50kR	747.50	655.00	69.23	40.90	3.18	140.00	25.00	830.00	621.42
10kR	60kR	654.54	1019.23	74.19	55.00	3.68	134.78	22.30	761.29	880.76

Contd...

Quadro - 6 Contd...

20kR	30kR	40.54	93.33	37.50	15.38	8.69	15.70	7.60	263.33	224.61
20kR	40kR	115.00	14.41	46.15	19.23	15.38	20.00	15.00	264.28	303.22
20kR	50kR	364.84	416.66	62.50	21.42	21.15	50.00	10.00	480.76	375.75
20kR	60kR	392.50	780.66	66.66	26.92	25.38	57.14	18.46	541.66	577.41
30kR	40kR	83.78	61.76	13.43	05.00	12.50	25.45	3.84	173.07	136.92
30kR	50kR	351.33	276.92	30.00	09.09	21.87	39.09	7.60	400.00	234.28
30kR	60kR	383.78	664.54	42.30	19.50	15.33	48.33	9.33	488.23	463.84
40kR	50kR	248.00	164.51	13.63	04.50	6.00	15.00	5.00	231.81	90.90
40kR	60kR	277.50	513.88	28.57	10.00	13.00	27.27	6.92	266.66	274.19
50kR	60kR	110.90	515.38	19.23	45.45	5.50	13.63	3.07	225.80	160.66

* Significativo ao nível de 5%.

Tabela. 7. Frequência de variantes morfológicas induzidas por raios Y na geração M1 de *C. annuum* var. G4.

			Variantes morfológicas										
S.	**Dos**	**N**	**Alto**	**Anão**	**Narro**	**Broa**	**Taça**	**Alongar**	**Folha**	**Curva**	**Arbusto**	**Cedo**	**Flowe**
N	**e**	**o.**	**Planta**	**f**	**w folha**	**d folha**	**forma**	**d pecíolo**	**dimorfo**	**d folha**	**fenótipo**	**florir**	**r menos:**
o.	**(kR)**	**de**	**s**	**fábrica**			**d folha**		**h**		**e**	**g**	

1	10 kR	6 0	1	2	1	2	1	-	-	1	1	1	-
2	20 kR	5 6	-	4	2	2	2	1	-	1	1	1	-
3	30 kR	4 7	2	5	3	-	3	1	1	1	1	5	1
4	40 kR	3 2	-	6	3	-	3	2	1	-	-	1	2
5	50 kR	2 4	2	4	4	2	4	1	2	1	1	1	2
6	60 kR	2 2	-	7	4	-	4	2	2	1	1	1	3
Total			5	28	17	6	17	7	6	5	5	10	8

Tabela. 8. Frequência de mutantes morfológicos induzidos por raios Y na geração M2 de *C. annuum* var. G4.

			Mutações morfológicas										
S. N o.	**Dos e (kR)**	**Não. de Plano**	**Alto Planta s**	**Dwa rf fábrica**	**Narro w folha**	**Broa d folha**	**Taça forma d folha**	**Elongat ed pecíolo**	**Folha dimorfismo m**	**Curva d folha**	**Arbusto fenótipo pe**	**Cedo florir g**	**Flowe r menos:**
1	10 kR	340	3	4	2	3	2	2	1	1	2	2	1

2	20 kR	320	-	5	4	3	4	3	1	2	2	2	1
3	30 kR	270	4	6	3	-	3	3	2	3	4	8	2
4	40 kR	230	3	8	5	4	4	2	2	-	-	2	3
5	50 kR	190	3	9	7	4	5	3	3	4	4	1	3
6	60 kR	170	4	10	8	5	6	4	3	4	5	1	4
Total		1520	17	42	29	19	24	17	12	14	17	16	14

Tabela. 9. Segregação de mutantes morfológicos de *C. annuum* var. G4: geração M2.

S. N.	Tipo de mutante	Frequência de		Total	X^2 (3:1)	P - Valor
		Normal	Mutante			
1	Fenótipo alto	32	10	42	0.248	0.70-.50
2	Mutante anão	76	21	97	0.581	0.50-.30
3	Folha estreita	38	9	47	0.857	0.50-.30
4	Folha larga	32	7	39	1.034	0.50-.30
5	Folha em forma de taça	67	18	85	0.663	0.50-.30
6	Pecíolo alongado	34	15	49	0.822	0.50.30
7	Dimorfismo das folhas	70	26	96	0.222	0.70-.50
8	Folha curva	40	11	51	0.320	0.70-.50
9	Fenótipo arbustivo	44	13	57	0.146	0.80-.70
10	Floração precoce	30	9	39	0.418	0.70-.50
11	Fenótipo sem flor	28	7	35	0.467	0.50-.30

Tabela. 10. Média de emparelhamento cromossómico e quiasmas na diacinese e metáfase I e coloração do pólen em plantas controlo e dessinápticas de *C. annuum* var.G4: geração M1.

Planta Não.	Estágio	N.º de células analisadas	Cromossoma associações		Chiasmata	Coloração de pólen
			I	II		
Controlo	Dia	90	-	12	22.40+0.16 (18-24)	90.60+0.36 (86-93)
	Meta	90	-	12	21.60+0.13 (15-20)	

2-20-	Dia	60	9.64+0.26	7.18+0.32	9.60+0.16	30.16+0.30
12-6			(0-18)	(5-10)	(6-18)	(20-36)
(D1)						
	Meta	60	10.60+0.16	6.70+0.22	8.60+0.14	
			(0-22)	(5-12)	(6-16)	
2-20-	Dia	75	10.70+0.24	6.65+0.16	8.16+0.18	26.70+0.41
12-8			(0-22)	(5-12)	(6-16)	(20-30)
(D2)						
	Meta	75	11.60+0.20	6.20+0.26	7.20+0.14	
			(0-22)	(5-12)	(6-16)	

2-20-	Dia	80	9.86+0.14	7.07+0.22	8.60+0.20	28.60+0.16
12-16			(0-22)	(4-12)	(4-16)	(20-32)
(D3)	Meta	80	10.80+0.19	6.60+0.16	8.16+0.17	
			(0-22)	(5-12)	(4-16)	
2-20-	Dia	90	8.68+0.12	7.66+0.20	9.78+0.22	27.00+0.22
12-22			(0-18)	(5-12)	(6-18)	(19-30)
(D4)	Meta	90	9.90+0.40	7.05+0.15	8.60+0.20	
			(0-22)	(5-12)	(6-18)	
2-20-	Dia	70	9.26+0.10	7.37+0.20	9.64+0.16	24.20+0.13
12-28			(0-18)	(4-12)	(6-18)	(16-30)
(D5)	Meta	70	10.40+0.13	6.80+0.13	8.26+0.14	
			(0-18)	(5-12)	(4-16)	

* **Dia** = Diakinesis
* **Meta** = Metáfase

Tabela. 11. Emparelhamento cromossómico médio e quiasmas da diacinese e metáfase I e coloração do pólen em mutantes controlo e dessinápticos de *C. annuum* var. G4: geração M2.

Número do centro	Estágio	N.º de células	Associações cromossómicas			Chiasmata	Coloração de pólen
			I	II	IIIIV		
Controlo	Dia	90	-	12	--	22.60+0.26	93.50+0.26
						(18-24)	
	Meta	90	-	12	--	21.40+0.16	(86-96)
						(18-24)	
2-20-12-6	Dia	80	9.20+0.16	7.40+0.13	--	9.40+0.14	29.60+0.16
			(0-20)	(6-12)		(6-18)	
(D6)	Meta	80	9.36+0.12	7.32+0.14	--	9.10+0.16	(20-34)
			(0-20)	(5-12)		(6-18)	
2-20-12-8	Dia	80	9.46+0.15	7.27+0.20	--	9.00+0.12	24.80+0.14
			(0-22)	(5-12)		(5-18)	
(D7)	Meta	80	9.70+0.16	7.15+0.18	--	8.90+0.14	(16-30)
			(0-22)	(5-12)		(3-16)	
2-20-12-	Dia	70	8.26+0.16	7.87+0.14	--	9.60+0.10	36.20+0.21
16 (D8)			(0-18)	(6-12)		(6-18)	(18-40)

	Meta	70	8.75+0.12 (0-18)	7.63+0.10 (6-12)
2-20-12-22 (D9)	Dia	60	8.90+0.05 (0-16)	7.55+0.11 (6-12)
	Meta	60	9.20+0.04 (0-18)	7.40+0.06 (6-12)
2-20-12-28 (D10)	Dia	70	10.20+0.26 (0-22)	6.90+0.24 (5-12)
	Meta	70	11.16+0.24 (0-22)	6.42+0.18 (5-12)
2-20-12-36 (D11)	Dia	70	8.56+0.40 (0-16)	7.40+0.30 (6-12)
	Meta	70	8.80+0.20 (0-18)	7.20+0.20 (5-12)
2-20-12-42	Dia	80	8.60+0.15 (0-16)	7.10+0.16 (5-12)

-	-	9.20+0.19 (6-18)	

-	-	9.36+0.13 (6-18)	27.40+0.14 (16-31)
-	-	9.10+0.11 (6-18)	
-	-	8.70+0.12 (4-16)	24.00+0.25 (16-30)
-	-	8.20+0.20 (4-16)	
-	0.16+0.05	9.16+0.16	25.70+0.18

	(0-3)	(5-18)	(16-32)
-	0.20+0.01	8.60+0.13	
	(0-4)	(4-16)	
0.12+0.12	0.21+0.05	9.20+0.18	26.00+0.36
(0-2)	(0-4)	(6-18)	(19-33)

(D12)

							9.00+0.19 (5-18)	
2-26-10	Meta	80	8.74+0.16 (0-16)	6.90+0.15 (5-12)	0.16+0.14 (0-2)	0.27+0.04 (0-4)		
10 (D13)	Dia	80	8.40+0.20 (0-18)	7.20+0.16 (6-12)	0.10+0.14 (0-2)	0.22+0.13 (0-4)	9.26+0.16 (5-18)	26 30+0.50 (20-34)
	Meta	80	8.60+0.22	7.30+0.12	0.12+0.16	0.11+0.12	9.10+0.17	
2-20-10-	Dia	90	(0-18) 8.96+0.10	(6-12) 7.52+0.20	(0-2) -	(0-4) -	(5-18) 9.30+0.15	27.10+0.41
18 (D14)	Meta	90	(0-18) 9.10+0.17	(6-12) 7.40+0.20	-	-	(6-18) 9.15+0.17	(20-32)
2-26-10-	Dia	70	(0-20) 9.20+0.16	(6-12) 7.45+0.17	-	-	(4-18) 9.10+0.12	25.40+0.30
24 (D15)	Meta	70	(0-20) 9.50+0.12	(6-12) 7.25+0.20	-	-	(4-18) 8.85+0.16	(16-30)
			(0-22)	(6-12)			(4-16)	

Tabela. 12. Distribuição dos cromossomas na anáfase I em plantas dessinápticas de *C. annuum* var. G4 induzidas por raios gama: geração M1.

* **Dia** = Diacinese * **Meta** = Metáfase

Plantas dessinápticas												
Distribuição	**Controlo**		**D1**		**D2**		**D3**		**D4**		**D5**	
	N.º de células	**%**	**N.º de células**	**%**	**N.º de células**	**%**	**N.º de células**	**%**	**N.º de células**	**%**	**N.º de células**	**%**
12:12	90	100	20	26.67	28	26.67	25	30.12	16	29.10	18	36.00
11:13			11	14.66	16	15.24	12	14.46	9	16.36	8	16.00
10:14			9	12.00	12	11.43	10	12.05	7	12.72	7	14.00
9:15			7	9.33	10	9.52	8	9.64	6	10.90	5	10.00
8:16			6	8.00	9	8.57	7	8.43	5	9.09	4	8.00
12:11+1L			4	5.33	6	5.71	5	6.02	3	5.45	2	4.00
11:11+2L			3	4.00	5	4.76	3	3.61	2	3.64	1	2.00
11:10+3L			2	2.67	3	2.86	2	2.41	1	1.81	-	-
10:10+4L			2	2.67	2	1.90	1	1.21	-	-	-	-
Pontes e Retardatários			6	8.00	8	7.62	6	7.23	4	7.27	3	6.00
Pontes			5	6.67	6	5.72	4	4.82	2	3.64	2	4.00
Total Não			75		105		83		55		50	

Tabela. 13. Distribuição dos cromossomas na anáfase I em mutantes dessinápticos induzidos por raios gama de *C. annuum* var. G4: geração M2.

Cromossoma distribuição	Controlo		D6		D7		D8		D9		D10	
	Não. células	**%**	**Não. células**	**%**	**Não. células**	**%**	**Não. células**	**%**	**Não. células**	**%**	**Não. células**	**%**
12:12	90	100	28	33.33	24	34.28	32	34.38	31	29.81	34	26.77
11:13			15	17.86	13	18.57	14	14.89	13	12.5	14	11.02
10:14			13	15.48	11	15.71	12	12.76	12	11.54	13	10.23
9:15			9	10.71	8	11.43	8	8.51	10	9.62	12	9.44
8:16			7	8.33	6	8.57	7	7.45	9	8.65	10	7.87
12:11+1L			5	5.95	4	4.76	6	6.38	8	7.69	10	7.87
11:11+2L			3	3.57	2	2.86	5	5.32	7	6.73	9	7.09
11:10+3L			2	2.38	1	1.43	4	4.25	6	5.76	8	6.30
10:10+4L			1	1.19	-		3	3.19	5	4.81	7	5.51
Pontes e retardatários			-		-		2	2.13	3	2.88	6	4.72
Pontes			1	1.19	1	1.43	1	1.06	-		4	3.15
			84		70		94		104		127	

Conti...

Quadro 13. Conti...

Cromossoma distribuição	Controlo		D11		D12		D13		D14		D15	
	Não. células	%	Não. células	%	Não. células	%	Não. células	%	Não. células	%	Não. células	%
12:12	90	100	34	32.07	28	32.94	30	37.5	42	34.42	47	37.60
11:13			13	12.26	13	15.29	12	15.0	16	13.11	18	14.40
10:14			10	9.43	11	12.94	9	11.25	14	11.47	16	12.80
9:15			9	8.49	8	9.41	7	8.75	12	9.83	12	9.60
8:16			8	7.55	7	8.23	6	7.50	12	9.83	10	8.00
12:11+1L			8	7.55	6	7.06	5	6.25	11	9.02	98	6.40
11:11+2L			8	7.55	5	5.88	-		5	4.09	76	4.80
11:10+3L			7	6.60	4	4.71	5	6.25	5	43.28	4	3.20
10:10+4L			5	4.72	2	2.35	1	1.25	3	2.46	2	1.60
Pontes e retardatários			4	3.77	1	1.17	4	5.00	3	2.46	1	0.80
Pontes			-		-		1	1.25	-		1	0.80
			106		85		70		122		125	

Tabela.14. Frequência de células com grandes e pequenos aglomerados de cromatina nas metáfases-I em *C. annuum* var. G4: Geração M1.

Pequeno Aglomerados	Tufos grandes					
	1	2	3	4	5	6
0	-	-	3	4	-	-
1	3	2	1	3	4	-
2	1	1	1	2	2	3
3	1	-	2	2	2	5
4	1	1	-	2	4	5
5	2	2	1	3	2	3
6	3	2	1	1	4	5
7	-	3	4	4	3	3
8	-	2	6	3	1	2
						Total:118

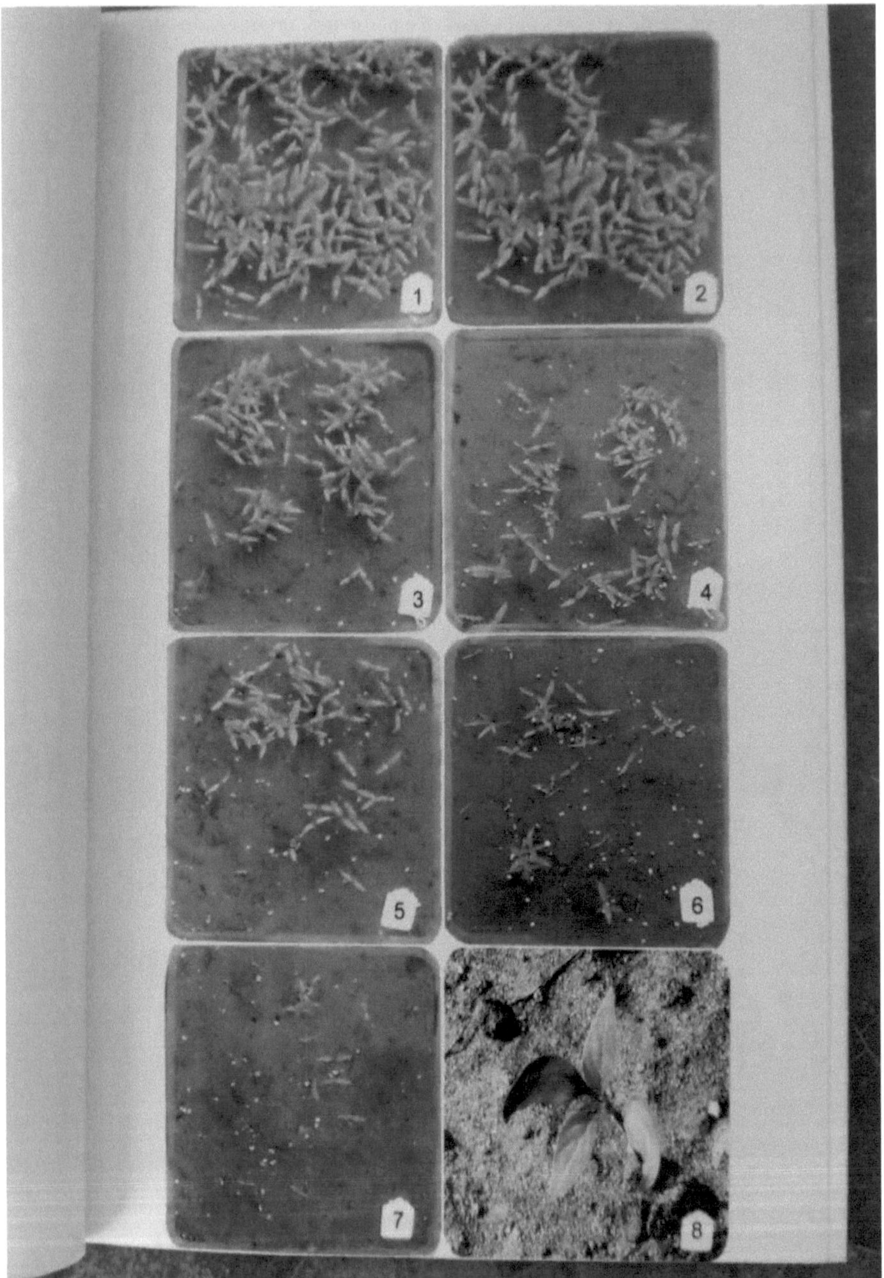
1
2
3
4
5
6
7
8

9
10
11
12

13
14
15
16

17
18
19
20

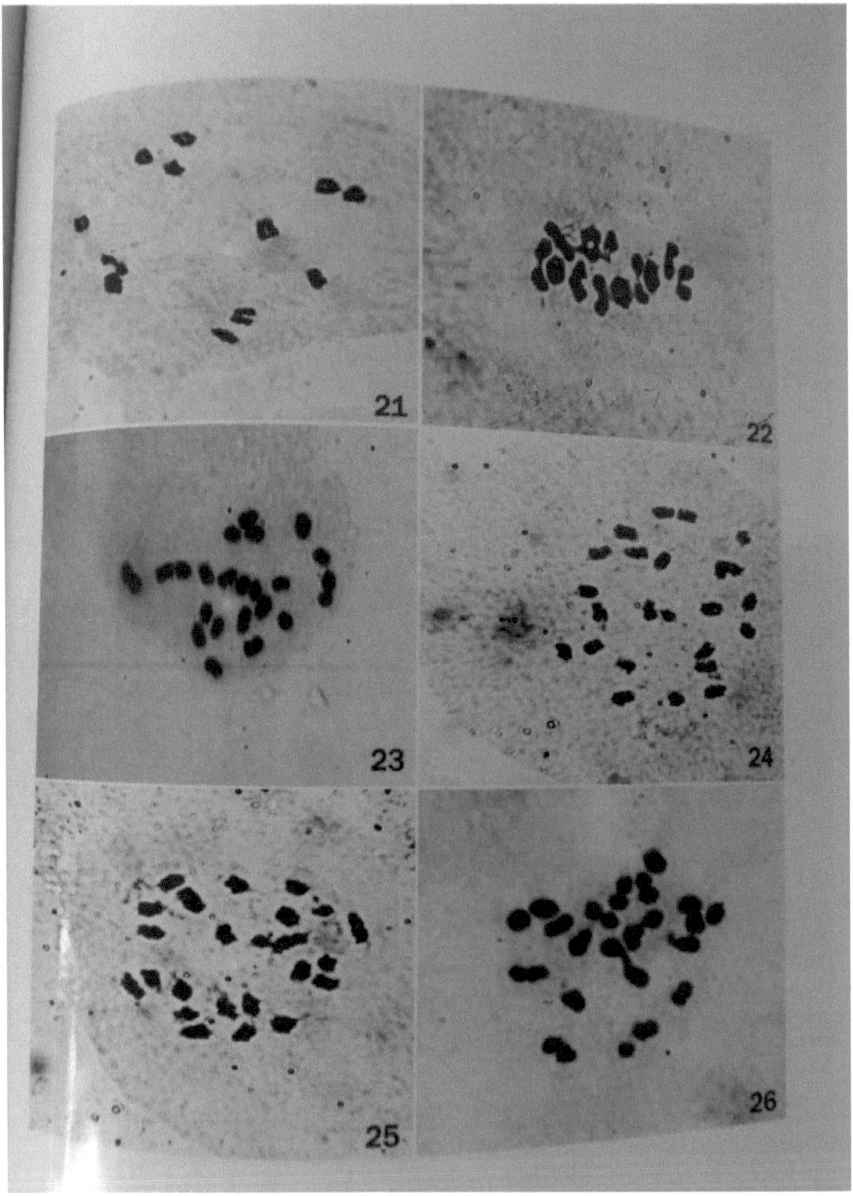
21
22
23
24
25
26

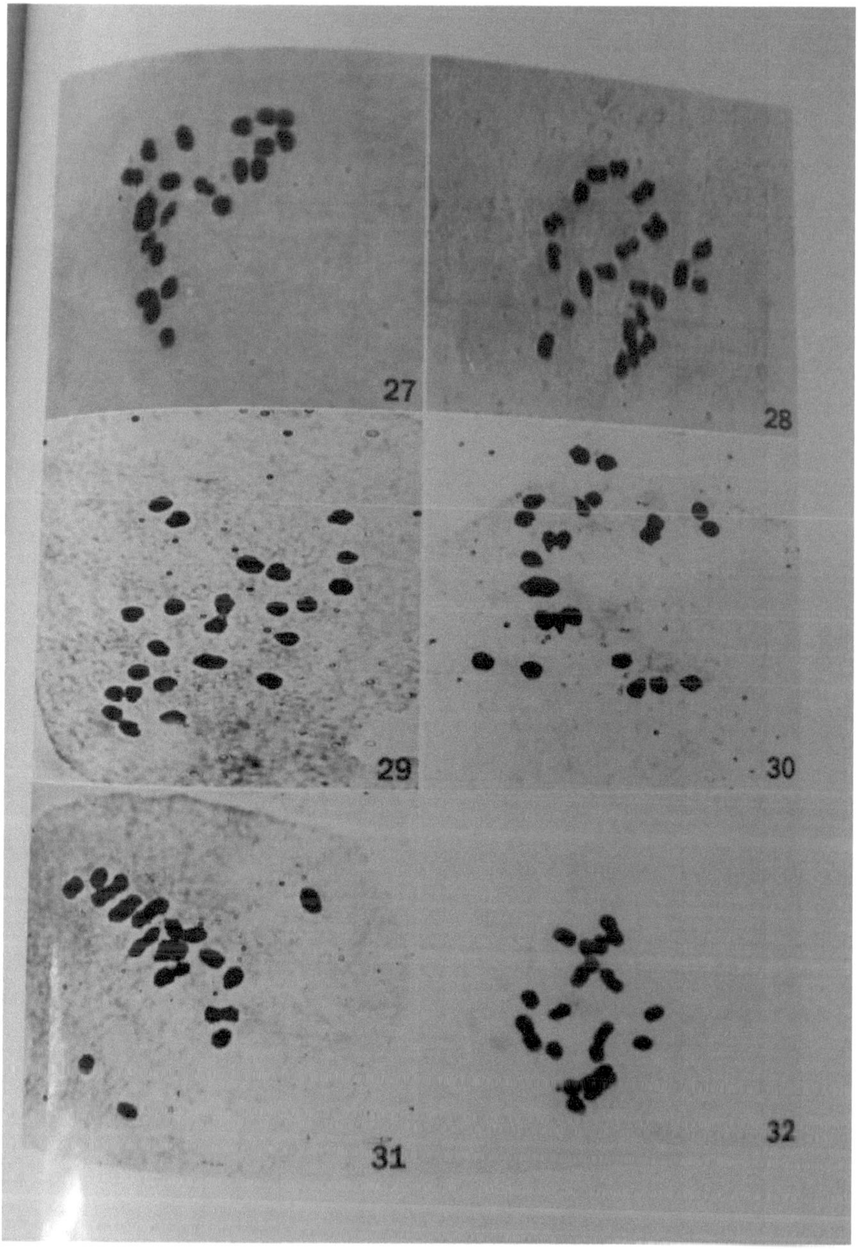
27
28
29
30
31
32

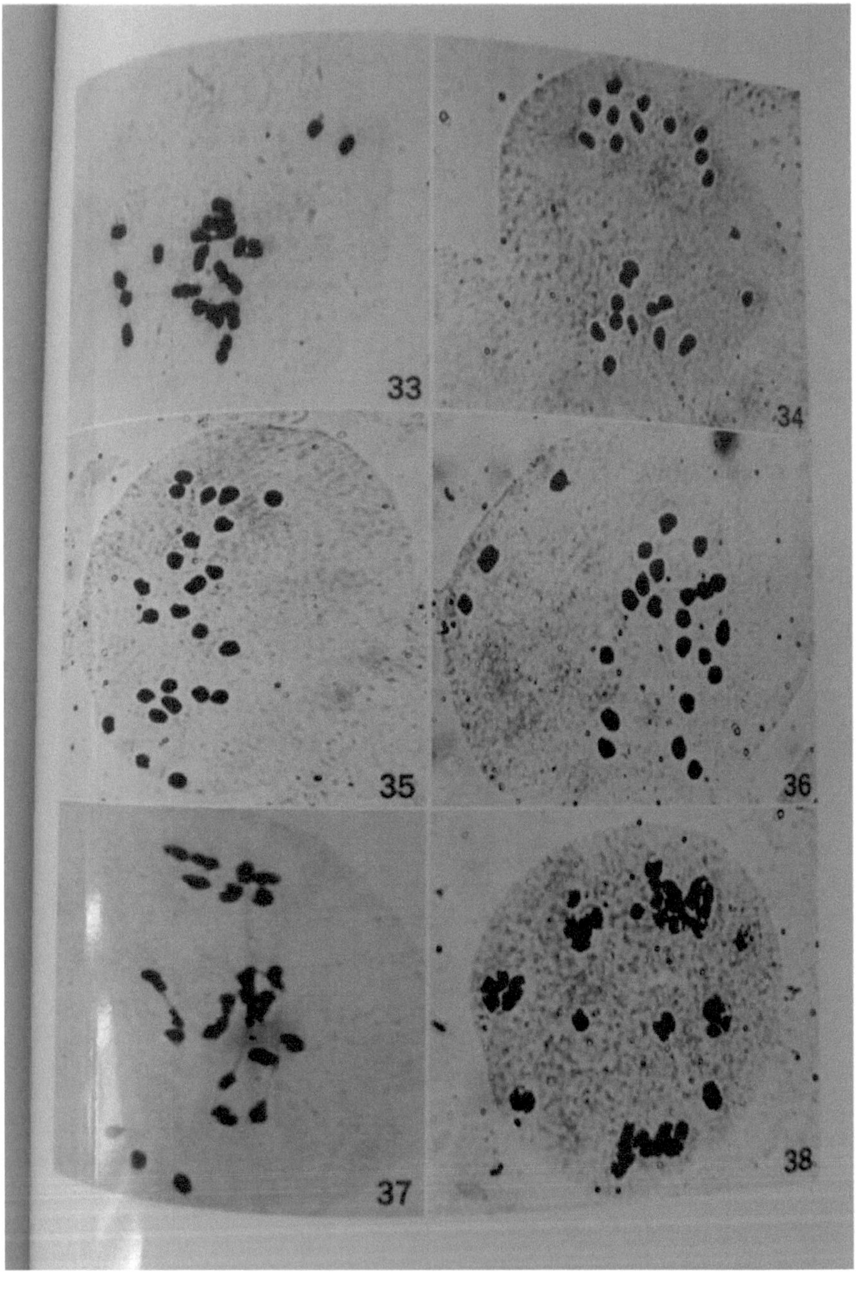
33
34
35
36
37
38

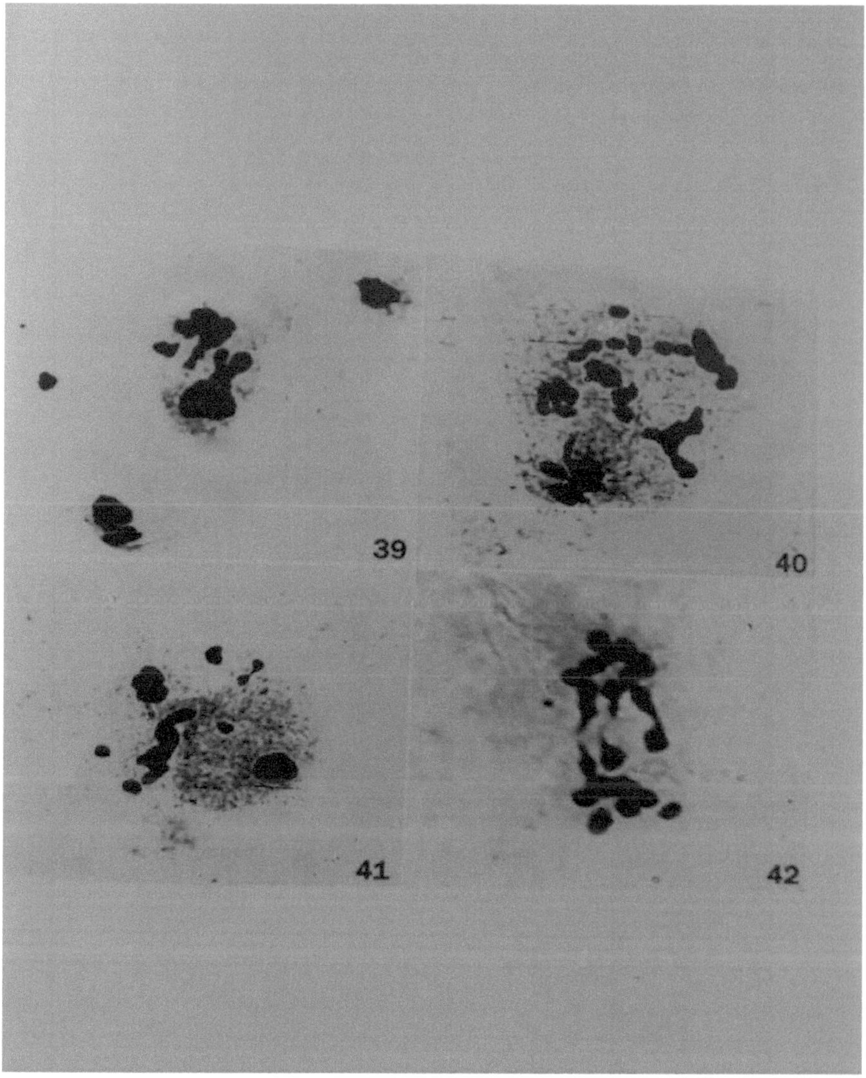
39
40
41
42

MIX
Papier aus verantwortungsvollen Quellen
Paper from responsible sources
FSC® C105338

Printed by Books on Demand GmbH, Norderstedt / Germany